MEI TIAN
XUE DIAN XIN LI XUE

每天学点心理学

学点心理学，让你人生幸福有保障

张新国◎主编

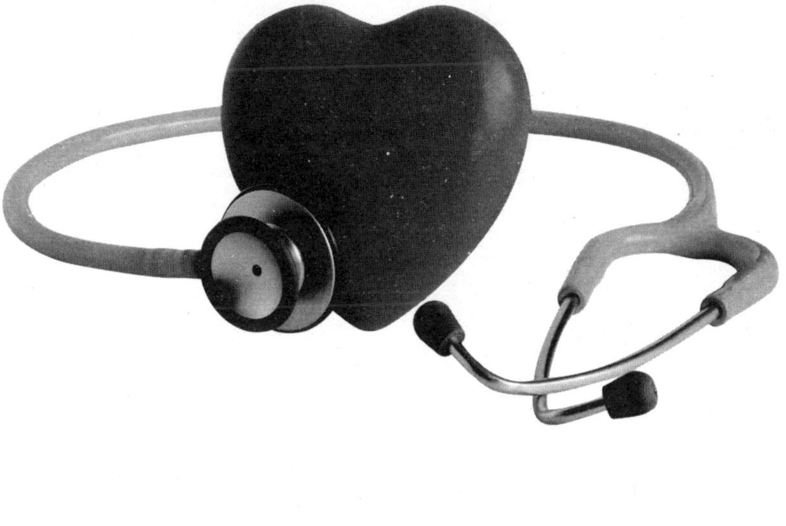

线装书局

图书在版编目（CIP）数据

每天学点心理学 / 张新国主编. -- 北京 : 线装书局, 2015.1

ISBN 978-7-5120-1736-8

Ⅰ. ①每… Ⅱ. ①张… Ⅲ. ①心理学–通俗读物 Ⅳ. ①B84-49

中国版本图书馆CIP数据核字（2015）第010112号

每天学点心理学

主　　编：张新国
责任编辑：曹胜利　宁静
出版发行：线装书局
　　　　地　址：北京市西城区鼓楼西大街41号（100009）
　　　　电　话：010-64045283　64041012
　　　　网　址：www.xzhbc.com
经　　销：新华书店
印　　制：三河市华业印务有限公司
开　　本：700mm × 940mm　1/16
印　　张：14
字　　数：120千字
版　　次：2015年1月第1版第1次印刷
印　　数：0001-7000

定　　价：25.80元

前言

随着心理学的发展，人们发现心理学其实在生活中的用途越来越广泛，在我们的生活中占据举足轻重的地位，因此掌握并且应用心理学在现代的社会工作生活中显得尤其重要。实际上，在此之前，人们对心理学有很大的误解，认为心理学一定是医疗心理疾病。

人生的每个阶段都需要心灵的指引，生活的每次挫折和困难都需要心灵的智慧和能量，而心理的健康指导帮助我们协调各种情绪共同协调发展。生活中大多数人并没有将身体健康和心理知识联系在一起，传统上认为没有疾病或是残疾就代表健康。而世界卫生组织为健康下的定义是："不仅仅是没有病和虚弱，而且是在身体上、精神上的完满状态，以及良好的社会适应能力和道德健康。"如此看来，我们认为的健康具有局限性，而我们发现健康总共简述三方面而其中三项都是指心理。心理健康看起来尤其重要，而现代社会给我们所带来的沉重压力，已经成为阻碍人们身体健康的重要因素。

人都是具有多面性，具体表现在人们往往会在不同的人面前说的话或是表现的状态是不一样的，当然这并不能说明人存在问题，人性不能一概而论。因此，我们在沟通和交往的过程中会遇到很多的阻碍，而其实人的思维方式和形式特点都是有迹可循，且具有一定的规律性，这是心理学研究的重要内容之一。所以，这样看来了解心理学知识，就可以依据其心理活动的规律，通过一些外在的语言和行为发现其人性弱点与优点。

学习心理学能帮助你掌握圆通的人际关系，很多人经历了大半辈子才明白怎样做人。做人要懂得圆滑，这样为人处世才不会频频遭受窘境。美国前总统西奥多·罗斯福曾说："成功的第一要素是懂得如何搞好人际关系。"因此，只有掌握了良好的人际关系，才能够处理好和领导、下属、客户、家人、爱人、朋友的关系，而且要先知才能把握先机。

例如，在商场工作的销售人员，他们更加需要心理学，他们首先要了解大众消费者的喜好和购买心理，他们利用广告心理学的知识设计自己的产品、店面、销售语，来吸引消费者。如打折心理战术，我们可以在很多街道上吸收到促销信号，然后大批的消费者前去疯狂抢购。很多公司都是利用管理心理学来使自己的员工为自己效劳。

在如此激烈竞争的社会中你需要掌握一些心理战术来帮助你占有一席之地，为人处世是第一项，此外还要学会掌握人的心理，为成功打下坚实的基础。唯有认清对方心理才能百战不殆。

目录 CONTENTS

XUE DIAN XIN LI XUE SHENG HUO GENG MEI HAO

学点心理学 生活更美好

上篇

PART 1 第一章

学点心理学，让人生更精彩

XUE DIAN
XIN LI XUE RANG REN SHENG GENG JING CAI

心理学研究涉及知觉、认知、情绪、人格、行为、人际关系、社会关系等很多的领域，同时也会和日常生活中的很多领域如家庭、教育、健康等发生关联。实际上心理学无时无刻存在于我们的生活中，我们需要借助心理学来更好地生活。

用心理学来观察生活

说起心理学，总有神秘莫测之感。很多人认为心理学看不见、摸不着，离生活特别遥远，甚至会通过联想到许多诡异的东西，试图勾勒心理学的轮廓。

“你是学心理学的，那么你说我现在在想什么？”当周围的人知道你是学心理学专业的时候，他们经常会问这样的问题。在他们看来，心理学家能够了解人的一切，就像算命先生能掐指算命一样。

“心理学”一词源于古希腊语，意即“灵魂之科学”，是关于心思、思想、感情等规律的学问，是研究人的心理活动及其发生、发展规律的科学。国人习惯性地认为思想和感情来源于“心”。

虽然心理学看起来神秘，却存在于日常生活中的每一个角落。每个人从呱呱坠地到长大成人，从恋爱结婚到执手偕老，从学习、工作到生活，无不受到心理学的影响，它改变着我们的人生。

生活中许多现象的背后都有着深刻的心理学道理，只不过我们往往忽略或者不了解而已。无论我们要做出一个怎样的决定，或有一些怎样的习惯，很大程度上都是受我们的心理支配的。

小到生活中的衣食住行，大到工作中的为人处世，都是单个人或多个人心理作用的结果。电影之所以能够触动人心，是因为编剧、导演、演员、美工、音乐等人每一个环节都进行了精心策划与研究；教师的课若想引人入胜，让同学们能够轻松地掌握知识，他必须深谙学生心理；商家要想让顾客心甘情愿地掏钱，必须认真地研究消费者的心理，才能生产出吸引顾客眼球的商品。

可以说，在人类世界中，在你我生活的方方面面，心理学现象无处不在。

面对生活，我们不可避免要与别人交往：在校与同学学习，在家与家人相处，在办公室与同事共事……学习、生活、工作，这些都是我们每天必须面对的问题。然而，相同的事情却有着不同的结局。有些人活得春风得意、潇潇洒洒，有些人却到处碰壁、心灰意冷；有的人富可敌国，有的人却一贫如洗；有的人无所事事，有的人却忙忙碌碌……

即使是同样的帮助，不同的人的给予也会让我们有不同的感受。当助我们渡过难关时，我们不觉得奇怪，甚至理所当然地认为他们应该帮助我们。我们更是常常将家人为我们所做的一切视为一种责任与义务。然而，当遭遇困难遇到陌生人的援助时，我们却十分感激，从而认为他真是一位好人。同样的事情却有着完全不同的结果，这不得不令人深思。

心理学的任务就是描述、解释、预测和控制人们的行为，以提高人们的生活质量。我们必须学点心理学，以了解自己与他人的内心世界，解释身边的各种现象，才能更好地控制自己的情绪，更好地享受生活。

了解真正的心理学

很多人对心理学还比较陌生，觉得它略带有一点神秘色彩。所以，我们有必要重新认识一下心理学。

在心理学上，有些事可能和你想的不一样。俗话说“画虎画皮难画骨，知人知面不知心”，而心理学却能了解大家认为不可知的“心”。这让许多人觉得心理学很神秘，也因此对心理学产生了种种误解。排除对心理学的误解是学好心理学的必要前提，让我们来看看人们对心理学存在哪些误解。

误解1：心理学就是心理咨询

很多人将心理咨询等同于心理学，这便是一种误解。心理咨询只是心理学的一个应用分支。心理咨询的目的，是为了帮助人们认识和应对生活中的各种困扰，从而更幸福地生活。心理咨询的对象可能是一个人，也可能是一对夫妇、一个家庭或一个群体。通常心理咨询是面向所有人的，咨询者虽然有各种心理困扰，但并不存在严重的心理障碍。如果患有严重的精神疾病，就要交给临床心理学家或精神病学家处理了。

误解2：心理学家知道我内心想什么

很多人觉得心理学家和算命先生差不多，能够看透一个人的内心。他们认为“研究心理”就是揣摩别人的所思所想。

其实，心理活动并不只是人在某种情境下的所思所想，它具有广泛的含义，包括人的感觉、知觉、记忆、思维、情绪和意志等。心理学家的工作就是要探索这些心理活动的规律。心理学家通常根据人的外显行为和情绪表现等来研究人的心理，也许他们能够根据你的外在特征或测验结果来推测你的内心世界，但再高明的心理学家也不可能一眼就看穿你的内心。

误解3：心理学家的研究对象是变态的人

很多人都说他们走进心理咨询室需要很大勇气，可能还有过思想斗争，“去还是不去？人家会不会认为我有精神病？朋友知道了会怎么看我……”这在一定程度上反映了很多人对心理学的误解：进行心理咨询的人都是“心理有问题”的人，心理有问题就是变态；心理学家只研究变态的人，所以与心理学有关系的非专业人士都不正常。

其实，大多数心理学研究都是针对正常人的，有些人把心理学家和精神病学家混淆了。精神病学是医学的一个分支，精神病学家主要从事精神疾病和心理问题的治疗。他们的工作对象是所谓“变态”的人，即心理失常的人，而心理学研究的对象是普通的人。

误解4：心理学家会催眠

很多人对催眠术感兴趣，觉得它很玄妙，再加上几部颇有知名度的“心理电影”的误导，让人们产生心理学家能催眠的误解。

其实，催眠术只是心理治疗的一种方法，并不是所有心理学家都会的“招牌本领”，它只是精神分析心理学家在心理治疗中使用的方法之一。

误解5：心理学就是解梦

这种误解的产生和奥地利著名心理学家弗洛伊德有很大关系。对于多数了解心理学的人来说，解梦是弗洛伊德的理论中最吸引人的部分。这是因为人们总是喜欢挖掘自己和别人内心深处的秘密，而梦被当做透视内心世界的一扇“天窗”。由于弗洛伊德作为心理学家的“代表性”，许多人把弗洛伊德的理论等同于梦的分析，进而使解梦成为心理学的代名词。好莱坞的电影也对此也产生了推波助澜的作用。例如好莱坞第一部涉及精神分析的作品《爱德华大夫》，票房成绩斐然，精神分析题材的电影自此开始盛行。这部影片的一个中心内容就是解梦。其中有一句经典台词，也被许多人以为是心理学家的口头禅：“晚安！做个好梦，明天拿出来分析一下。”

其实，解梦也像催眠术一样，只是精神分析心理学家所使用的心理治疗技术之一，其实质仅仅是心理学知识森林中的一棵树而已。

生活需要心理学来协调

科技的进步、经济的发展、生活条件的改善，使得人们的精神需求越来越高了。在探索广袤的宇宙的同时，我们也渴望探知自己的内心世界。静静的黑夜里，看着满天的繁星，听着微风吹过树叶的沙沙声，你是否心潮澎湃？

的确，世界上的万事万物都是十分奇特的，我们渴望了解一切真相。然而，我们最不了解的却是自己的内心，我们自己才是世界上最神秘的。

心理学是研究心理现象的一门科学。心理学与生活关系密切。那么，它们之间又是一种什么样的关系呢？其实，我们所做的任何事情或者所说的每一句话，都是受到心理状态和心理活动影响的。心理学指导着我们的生活，让我们为人处世都有了一定的依据。越复杂的情况，越需要心理学指导。运用心理学，可以让我们的生活更加美好。

人总是生活在一定的社会环境中，环境的差异对人早期的心理发展产生着深远的影响。幸福家庭里出生的孩子往往更容易感知幸福，更懂得感恩；离异或者单亲家庭里长大的孩子则相对容易变得性格古怪，十分叛逆。一位校长表示："校园中单亲家庭的孩子，约占10%。"也有学者研究指出，2005年我国内地离婚总量已经高达178.5万对，与1978年改革开放之初离婚总量28.5万对相比增长了150万，增长率高达526%。

在中国人根深蒂固的家庭观念中，离婚虽可以理解，但毕竟是不光彩的。生活在这种文化氛围中的儿童，必然会在内心深处受到这种观念的影响，加之他们思想意识尚不成熟，还不能正确地看待父母间的离异。因此，父母离异这种人为因素的出现，对于自控能力和自我调节能力较差的青少年来说，无疑是一场巨大的打击，让其承受巨大的压力。许多青少年对此难以承受，更无力调整和摆脱。况且在中国家庭里，和平分手的离婚很少见，夫妻双方打得你死我活的离婚却很普遍。这种情况下，怀着仇恨、受伤的心态分道扬镳的夫妻，有的选择“生不见面，死不烧香”的极端行为，生生割断另一方对孩子的爱。

一项有关研究报告表明：54%的离异家庭的孩子在情绪和情感方面存在不同的问题，表现为抑郁寡欢、心事重重，容易被激怒，与同龄孩子关系紧张，甚至自暴自弃，产生心理和行为的偏差。离异家庭孩子平均智商为96.95，学习成绩80分以上的占56.25%，而和睦家庭的则为101.18和80.2%。

心理学在生活中处处都有体现，我们也可以运用心理学的知识，为自己服务，使自己拥有更高品质的生活。

人总希望得到快乐和幸福，那么不妨在生活中运用些心理学知识。人在生活中产生痛苦的根本原因往往是：把理想当成现实，把别人当成自己。因此，生活是一回事，怎么看生活又是一回事。针对这一现象，就需要运用心理学来合理地解释生活。

心理学是一种智慧学，概括地说是三句话：有效地思考，合理地行动，及时地调整。

在生活中遇到挫折时，需要正确而有效地思考。首先要明白：虽然我无法左右环境，但可以改变自己的态度，态度的好坏取决于自己的看法和解释。其次要知道：挫折是机遇，磨难是财富，有危必有机，从而愉快地接受你所不能接受的现实。

如果在生活中灵活运用心理学，就能合理地对待生活中的人、物、事，驾驭自己的情绪，悦纳自己和他人，构建和谐的人际关系，使自己的人格更加完善，这样就能更加主动、乐观、积极地去适应环境，改善环境！

心理学助你成功

成功，每一个人都希望与之亲密接触，甚至想将它据为己有。追求事业的人，他的成功是有朝一日拥有属于自己的公司；追求自由的人，他的成功也许是在一望无垠的草原上骑马自由驰骋；追求爱情的人，他的成功是追求到朝思暮想的女孩或男孩，并与之建立美满的家庭；追求尊严的人，他的成功也许是穿着西装、打着领带，站在数万崇拜者面前侃侃而谈；追求金钱的人，他的成功则可能是手中的彩票中了500万。

不同的人，会有不同的追求，他们眼中的成功也不尽相同。但不管是哪种成功，都在很大程度上取决于你是否具备一个理性的成功心理。

成功是每个人都可以追求的，而不只是资源条件好的人之专利。只要你能拥有一种良好的心理，那么，成功的大门也自然就会为你敞开。西方流传着一个关于成功的寓言故事，故事讲的是：

为了和人类一样聪明，森林里的动物们开办了一所学校。开学第一天，来了许多动物，学校为它们开设了五门课程，唱歌、跳舞、跑步、爬山和游泳。当老师宣布，今天上跑步课时，小兔子兴奋地一下子在体育场地跑了一个来回，并自豪地说，我能做好我天生就喜欢做的事！而再看看其他小动物，有撅着嘴的，有拉着脸的。

第二天一大早，老师宣布，今天上游泳课，小鸭也兴奋地一下跳进了水里。小兔却天生怕水，祖上从来没人会游泳，傻了眼；其他小动物更没了招。

接下来，第三天是唱歌课，第四天是爬山课……以后发生的情况，便可以猜到了：学校里的每一天课程，小动物们总有喜欢的和不喜欢的。

这则寓言告诉我们：一切都是公平的，个体遗传虽然会影响个体的成功，但后天的努力才是主导。我们每个人都有自己的优点，就像兔子跑得快、鸭子会游泳一样。正是因为如此，我们每个人才都是幸福的。我们每个人都有自己的优点，因此可以说我们基本站在同一条起跑线上。同样的付出，同样的回报；一分耕耘，一分收获。只有勤奋才可以成功，所以要成功你首先要自信。相信自己，你有属于自己独到的优点。我们要知道这不是阿Q精神，而是对自己的一种信任，一种肯定。只有充分发挥自己的优势，才能创造成功的喜悦。只有充满自信的人，才能迸发进取的勇气，感受生活的快乐，最大限度地挖掘自身的潜能，从而取得成功。

心理学家认为，每一个人都同时具有以上两种成功心理，只是所占比例不同而已。有的人追求荣誉的成功心理占主导，要求自己做得更好的愿望却很低。他们虽然有雄心壮志，但往往成功概率不大。有的人虽然并不企盼功成名就，却始终要求自己把每一件事做好、做得更好，他们往往能取得较大成就。这就是“有心栽花花不开，无心插柳柳成荫”的心理奥秘所在。

因此，当我们追求成功的时候，需要学会不断检阅、调整自己的成功心理，在发展良好的个性品质、提高心理承受力的基础之上，不断强化“做得更好”的成功心理。只有这样，失败对于我们来说才是激励而不是挫折，成功对于我们来说才是幸福而不是空虚。也只有这样，失败才是成功之母，而成功更是成功之母。

掌握了这些心理学知识以后，我们就会在通往成功的路上如鱼得水。如果你是追求事业的人，那你就会在职场慧眼如炬，知道上司所思所想，可以做出合他心意的方案，甚至一直做到拥有自己的企业；如果你是追求爱情的人，那你就能知道对方心里的想法；如果你是追求的金钱的人，那你就会成为充满魔幻色彩的玉如意，心想事成。

PART 2 第二章

学点情绪心理学，让坏情绪远离你

XUE DIAN
QING XU XIN LI XUE RANG HUAI QING XU YUAN LI NI

情绪是指个体对事物的喜爱或是厌恶态度的反映。从本质上来讲，它是人的高兴、不快、悲伤、愤怒等感觉，还有种种的痛感或快感。情绪从本质上来讲主要分为快乐和不快乐，从心理学角度上来讲是正性情绪和负性情绪。生活中人们大致分为两类，易外放自己的情绪和隐藏自己的情绪。但是我们通常发现后者要比前者更容易受到大家的喜爱也更容易成功。

不要受情绪的控制

我们通常所说的情绪，是指人的感觉及其特有的思想、心理和生理状态、行动的倾向性。情绪的主要特征有：无所谓对错，常常是短暂的，可以积累，易放大作用，会影响行为，也可以经疏导而快速消散。

情绪是对身体变化的知觉，即当外界刺激引起身体上的变化时，我们对这些变化的知觉便是情绪。美国心理学家威廉·詹姆斯认为，人并不是因为愁了才哭、生气了才吵、害怕了才发抖的，恰恰相反，人是因为哭了才愁、吵了才生气、发抖了才害怕的。

美国心理学家普拉切克将情绪分为了八种类型，即愤怒、悲伤、恐惧、快乐、爱意、惊讶、厌恶和羞耻。而将每一类情绪又分为四种强弱不等的情绪：

愤怒：委屈、生气、敌意、憎恨；

悲伤：沮丧、抑郁、绝望、痛苦；

恐惧：紧张、担心、迷惑、慌乱；

快乐：轻松、满足、得意、兴奋；

爱意：友善、信赖、亲密、痴心；

惊讶：好奇、羞怯、震惊、骇异；

厌恶：不悦、排拒、轻蔑、弃绝；

羞耻：懊恼、难堪、自怜、愧疚。

情绪本身就是一种复杂的心理现象，它分类多，且强弱不同。情绪与健康的关系十分密切，早在两千年前，人们就开始认识到情绪与健康的关系，有了“哀乐失时，殃咎必至”的记载。现代医学证明，保持轻松的情绪或许胜过任何灵丹妙药。美国阿拉巴马大学医学院对500名男子进行了长达18～20年的追踪调查，进而得出结论：精神经常处于高度紧张状态的中年男子，患高血压的概率比情绪轻松的男子高了整整一倍。

中国医学也认为，情绪变化在疾病的发生、发展、诊断、治疗和预防等方面都有重要的作用，把喜、怒、忧、思、悲、恐、惊等称为“七情”，认为七情太过则会引起疾病。因此，情绪与健康是相互影响、互为因果的。只有随时保持乐观的情绪，才能够使健康得以保证，唯有身体健康，才能够有充沛的精力去工作，才能够快乐地去生活。

一个人身体健康，往往表现为精力充沛、心情开朗。倘若一个人长期疾病缠身，则容易引起抑郁情绪。那么，如何保持健康乐观的情绪呢？

1.培养幽默感

研究发现，在问题面前，经常运用幽默作为应对机制的人，健康问题就比较少；而以哭喊作为应对机制的人，健康问题则相对要多很多。

2.增加愉快的生活体验

增加令人愉快的体验，可以减弱消极的情绪状态，提高A型免疫球蛋白含量，从而提升免疫反应能力。这样，即使偶尔遇到不愉快的事情，也不至于发生过于强烈的情绪反应。

3.使情绪获得适当表现的机会

情绪是生活的组成部分，对起伏的情绪不必要也不可能一概予以抑制，而应选择适当的方式，如运动、旅游、倾诉等，给情绪适当的发泄机会。机会倾诉自己的痛苦并得到他人的安慰，能够极大地改善健康功能，增强免疫系统功能。

4.学会从光明的一面去看待事物

很多从表面看令人生气或悲伤的事件，如果换一个角度、用另外一种眼光去看，常常会展现出正面的、具有积极意义的另一面。

5.要有自己的事业和追求

拥有了自己的事业和追求，并积极地为之奋斗时，人就会体验到一种发自内心的满足，进而产生积极的情绪。

6.积极参与社会交往

社会交往能使人产生积极的情绪体验，积极的情绪体验又会使人们更积极地与人交往，更好地适应环境、应对突发事件，从而形成一个良性循环。

7.对问题当机立断

犹豫不决会引起不良情绪，损害身心健康。因此不要太过于追求完美，宁可偶尔出些小错，也不要为一些问题左思右想，过分踌躇。

心情明亮，前途才会光明

心情是一种持续性的情绪，可能一连几小时、几天，甚至几星期影响一个人对事物的看法。好心情比什么都重要。马克思有句名言："一种美好的心情要比十服良药更能解除生理上的疲惫和病理上的痛苦。"心情好，一切才好。

从心理学的角度来看，一个人心情好的时候头脑处于最活跃的时期，思维特别的灵敏，做事情的效率自然比平常高出很多来。其实好心情并不一定是指兴奋，最好的心情是平静。这是一种难得的精神状态，遇事宠辱不惊，从容不迫。

马寅初老人就是这么一个人物。当时他向中央提出"人口论"，想要控制中国的人口增长。这个观点从现在来看是非常有道理的，但是当时他却落得个挨批判、撤职的下场。受到这样沉重的打击，很多人肯定会受不了。但是出乎人意料的是，马老什么事也没有，只回家后写了副对联："宠辱不惊闲看庭前花开花落，去留无意漫观天外云展云舒。"最终国家为他平了反，马老安享晚年，卒于102岁。这多么充分地证明，好心情是健康的活化素。

好心态造就好人生，美国的罗杰·罗尔斯是纽约州历史上第一个黑人州长。在他的身上，就完全体现了心情重要性。他出生在纽约当时的环境肮脏、充满暴力而且偷渡者和流浪汉聚集的大沙头贫民窟。那里声名狼藉，据说在那里出生的孩子由于耳濡目染，并没有几个在长大后能从事什么体面职业的，因为他们从小就学会了逃学、打架，甚至是偷窃、吸毒。然而，同样是在这里出生的罗杰·罗尔斯却成了后来纽约州的州长，这还得感谢他当时学校的董事兼校长皮尔·保罗先生。

当年，这个校长发现，这些大沙头贫民窟的孩子甚至比当时最为流行的“迷茫的一代”还要无所事事，他们上课不与老师合作，也不经常去上课，每天除了打架就是和老师作对，甚至还会砸烂教室里的黑板。皮尔·保罗先生尝试了许多办法希望改变这种现状，却始终无济于事。不过校长在一段时间的接触后发现这些孩子都有一个共同的特点，就是非常迷信，只要是有关于迷信这方面的东西，他们都深信不疑。于是，皮尔·保罗抓住这个特点，在他上课的时候给学生们看手相，并用这个办法来引导学生。终于轮到罗杰·罗尔斯了，当他把肮脏的小手递给校长的时候，校长很兴奋地拉着罗杰·罗尔斯的手说：我一看你修长的小拇指我就知道，将来你是纽约州的州长。罗杰·罗尔斯被惊呆了，从出生一直到现在，还没有谁给过他这么高的评价，唯一的一次就是他奶奶说他能当个船长，不过船长比起纽约州的州长来说，简直是小巫见大巫。

在以后的生活里，小罗尔斯的心情顿时开朗了许多，对生活也充满了希望，他的衣服也不再沾满泥土，说话也不再夹带污言秽语了，甚至他在走路的时候也有意无意地挺直了腰杆，始终都以一个纽约州未来的州长身份来要求自己。功夫不负有心人，在51岁的那一年，罗杰·罗尔斯成功地成为纽约州的第一个黑人州长。

也许在他的字典里，心情是不值钱的，但是一个乐观积极向上的心情确是非常有价值的。因此，一个良好的心态可以帮助我们更好地实现自我价值；相反，一个消极的心态则会妨碍自我价值的实现。因此有人说，积极的心态创造人生，而消极的心态则消耗人生；积极的心态是成功的源泉，是生命的阳光和温暖，而消极的心态则是失败的开始，是扼杀生命的无形杀手。

人的开始本没有多大的区别，心态不同却会产生不同甚至完全相反的命运。因此，一个人的心情往往会关系到一个人的命运。要想时刻都过得愉快，那就得让自己的心情永远都在自己的掌控之中。不要事后才后悔，因为后悔可能又会导致抑郁的心情。如果你内心是灰色的话，世界也会把灰色的一面展现在你面前，而你内心是明亮的则世界也会明亮起来。

自信是成功的前提

美国职业橄榄球联会前主席D·杜根提出这样的说法："强者不一定是胜利者，但胜利迟早都属于有信心的人。"也就是说如果你只追求最好的，你最后得到的往往也是最好的，只要你有信心。

人们在生活中总爱说：这恐怕不行吧？我哪有那么厉害？这一类的话就是典型的不自信的表现。从心理学的角度来说，这其实是一种自我暗示，悄悄提醒自己不能胜任，不能完成。这是一种前进中的巨大阻碍，也许你没有意识到它的严重性，但这是不容置疑的事实。有自信的人在心里就已自我认可，没有什么可畏惧的。

人的心理暗示影响很大，不同的心理状态导致不同的结果。例如有世界第一CEO之称的通用电气公司前董事长杰克·韦尔奇就是因为他的自信才使他成功。杰克·韦尔奇出生在一个典型的美国中产阶级家庭，父母结婚16年后才有了他这个独生子，父亲为波士顿与缅因铁路公司工作，每天早出晚归，因此培养孩子的任务就落在了母亲的肩上。

母亲教给杰克三门非常重要的功课：坦率地沟通，面对现实，并且主宰自己的命运。这是母亲始终抱持的信念。在杰克日后的管理生涯中，这种禀赋的作用被发挥得淋漓尽致。

要掌握自己的命运就必须树立自信。尽管杰克到了成年还略带口吃，可母亲说这算不了什么缺陷，只不过是“想的比说的快些罢了”。结果，略带口吃的毛病并没有阻碍杰克的发展，而那些实际上注意到这个弱点的人大都对他产生了某种敬意。美国全国广播公司新闻部总裁迈克尔对他十分敬佩，甚至开玩笑地说：“他真有力量，真有效率，我恨不得自己也口吃。”

在韦尔奇看来，一个人所经历的一切都可以成为为其建立自信的基石。当你被选为一支球队的队长时或者当你在球场中选队员时，你就掌握了这支队伍。然后事情就这么发生了——渐渐地，你会习惯这些经验，而且人们也会信任你，给予你善意的回应。

韦尔奇的中学成绩本来是可以保证他进入美国最好的大学的，但因种种原因而事与愿违，只进了麻州大学。开始他感到非常沮丧，但进入大学之后，沮丧就变成了庆幸。“如果当时我选择了麻省理工学院，那我就会被昔日优秀的伙伴们打压，永远没有出头的一天。然而这所较小的州立大学，让我获得了许多自信。我非常相信一个人所经历的一切，都会成为建立自信的基石：包括母亲的支持、运动、上学、取得学位。”事实证明杰克是麻州大学最顶尖的学生，没有选择到麻省理工学院是对的。

担任杰克的大学班主任的威廉先生当时也看出了杰克成功初期的沮丧征兆：“是他的双眼，他总是很自信，他痛恨失败，即使在足球比赛中也一样。”

“自信”在日后成为通用电气的核心价值观之一。杰克说：“所有的管理都是围绕‘自信’展开的。”韦尔奇1981年成为GE历史上最年轻的CEO。二十几年来，公司的市场价值从原来的120亿美元，到如今的超过4000亿美元，而且通用公司一直被公认为是美国管理最优秀和最受推崇的公司之一。

在事业上对自己充满信心，相信自己，乃是获得成功不可或缺的前提。在已具有其他品质的条件下，你最需要就是要自信了。自信就是激励自己达到所希望的目标积极态度。

其实每个人都是喜欢成功的，不管怎么说怎么做都是为了给自己找一个最好的结果。相信了自己的人充满了力量，他们健壮而充满活力，能解决任何问题，凡事全力以赴，最终成为伟大的胜利者。

因此，从现在开始你就要学会自信，做任何事情都要有信心。昂起你的头颅，挺起你的胸脯，大声地对自己说：“我是最好的，大家都很喜欢我，我一定可以做得更好。”

精神胜利法

阿Q在中国是一个著名的角色，在鲁迅先生的刻画下，他的麻木与他独特的精神胜利法为人们所嘲笑。但是从实际的心理学角度来说，人们有时候还真是需要一点阿Q精神的，我们需要从阿Q的那种精神里面学到一些东西，也就是精神治疗法中的健忘，我们不能够总是活在过去的痛苦之中。

痛苦是不可避免的，生活中很多很多的事情都是痛苦的根源，像朋友分离、亲人故亡、失恋、事业失败等。这些事情都是在我们生活上可能遇到，而且有些是必然遇到的。遇到了之后我们必然会有无比的伤痛之感，没有心思再做别的事情。

可是如果长时间这样下去，以后的生活都将不能正常进行，那又如何做其他的事情呢？所以我们要学会忘记过去的痛苦，积极开始新的生活。当然我们说忘记过去的痛苦，并不是说我们要完全地忘记了那些事情、那些人，而是要从痛苦中抽离出来，化悲痛为力量，学会调节自己的情绪，这样才能活得更加容易。

以前看过一个女孩讲述自己的经历，很普通但是很能让大家从其中汲取经验。这个故事里的女孩儿失恋了，被自己相恋多年的男朋友抛弃了。于是她想不开了，为什么会这样呢？难道自己真的那么没有吸引力吗？男朋友怎么那么没有责任感，那么没有良心呢？从此她越想越纠结，一想起这件事就开始以泪洗面，什么事情都做不下去，不管朋友、家人怎么劝说都没有用。她一个人沉浸在自己的痛苦里面不能自拔。慢慢地，她开始埋怨父母把她生得不好，怪朋友没有给她好的建议，父母因此伤心不已，朋友也渐渐疏远她了；工作上她更是没有心思，不久也被老板请回家休假了。她觉得世界上的人都在和她作对，没有人真正关心她的生活，甚至走在路上大家都躲着她。她甚至觉得人间就没有温暖存在。于是她越陷越深，越来越郁闷，越来越痛苦。

后来有一天，她突然从镜子里面看见自己的模样，当时她自己都认不出自己了，镜子里面的自己脸色苍白，像个怨妇，像个幽灵，模样恐怖狰狞，吓了自己一跳。曾经活泼可爱的自己到哪里去了呢？如果在外面看见这样一个自己，恐怕会尖叫了吧，谁还敢靠近自己呢？她被惊呆了，于是慢慢回想自己的所作所为，觉得特别后悔。

她决定改变自己的样子，不再去想以前的事情，都已经过去了就回不来了，将来才是最重要的。因此，她开始从自己的容貌上收拾自己，再逐渐改变自己对家人、对朋友、对工作的态度。她再也不怨天尤人了，脸上也开始有了微笑，生活慢慢上了正轨。在和前男友认真地交谈了之后，她认识到自己以前的毛病，下定决心改掉它，改掉痛苦的根源。当然就像任何一个美好的故事的结尾一样，她后来找到了属于自己的幸福。

故事中的女主角到现在都随时劝说她认识的人，不要一味地陷到痛苦中去，沉迷于此你就将被它吞噬，看不到自己的未来。要勇敢地走出来，忘记它，吸取教训，开始辉煌的未来。过去的已经随着时间溜走了，将来是漫长的，如果不把握好的话也会悄悄溜走的。

一般的事物的变化及刺激不会使你失魂落魄，普通的情形你也能做出相应的适度反应，可是如果事件比较重大、变化比较突兀，那么你的适应期就要拖长。你了解自己的这种情况之后，最好预先准备，锻炼自己的快速适应能力。要让自己的心理素质增强，就要学会拔出自己，把痛苦作为将来幸福的源泉。

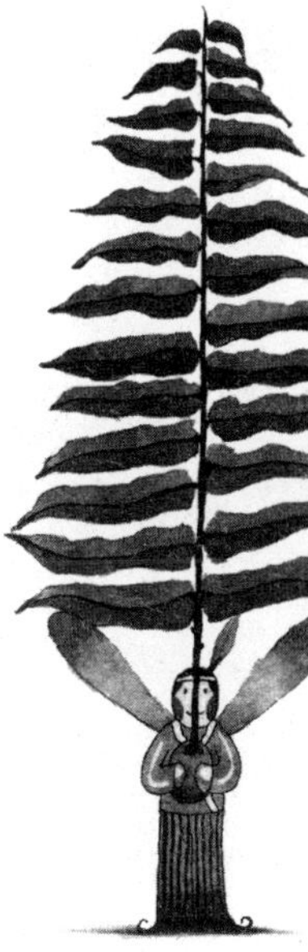

热情是成功的动力

美国心理学家、作家杜利奥说过：没有什么比失去热情更使人觉得垂垂老矣。如果人的精神状态不佳，一切都将处于不佳状态。这就是杜利奥定律。

在心理学上，充满热情可以说是一种非常健康的心态，容易衍生出一种积极的正面情绪。在这种心态下，人们往往乐观而充满朝气，做起事来也更有干劲。

历史上任何伟大的成就都可以称为热情的胜利。没有热情，就不可能成就任何伟业，因为无论多么恐怖、多么艰难的挑战，热情都赋予它新的含义。那就用热情来帮助你的事业发展，用热情来打动你的客户，用热情来赢得老板对你的赏识吧！

成功学家拿破仑·希尔曾经讲了一件事。一位叫斯蒂芙的杂志推销员凭借饱满的热情在他的办公室竟然卖出了六份杂志！希尔在他的书中回忆了这件事情：

在斯蒂芙之前已经有一个推销员来推销一本叫《金融周刊》的杂志。他神情沮丧，而且言语中表露出他急需从我的订费中赚取他的佣金。但是他并未说出任何足以打动我的理由，因此他没有从我这里拿到佣金。

大约过了一星期，那位叫斯蒂芙的杂志推销员来到我的办公室。她推销好几种杂志，其中一种就是《金融周刊》。她看了看我的书桌，发现书桌上摆了几本杂志，便由衷地赞叹："哦！我看得出来，你十分喜爱阅读书籍和各种杂志。"

短短的一句话，加上一个愉快的笑容，以及真正热情的语气，她已经成功地中断了我的工作，使我准备好要去听她说些什么。因为在她当初走进书房时，我已经下定决心，绝不放下手中的文稿，借以礼貌地向她暗示，我很忙，不希望受到打扰。我很骄傲地接受了这一评价，放下了手中的书稿，想要听听她将说些什么。

斯蒂芙怀中抱了一大卷杂志，我本以为她会把它们展开，催促我订阅它们，但她并没有这样做。看到我的桌上有一本爱默生的论文集，她开始津津有味地谈论起爱默生那篇《论报酬》的文章，竟然使我获得了一些新的观念。

然后，她问我："您定期收到的杂志有哪几种？"我向她说明之后，她脸上露出了微笑，把她的那卷杂志展开，摊放在我面前的书桌上。她一一分析了这些杂志，并且说明我为什么应该每一种都要订阅一份：《周六晚邮》可以让我欣赏到最干净的小说；《文学书摘》以摘要的方式把新闻介绍给我；《金融周刊》可以使我了解到工商界领袖人物的最新生活动态等。

但我并没有像她所想象的那般反应热烈，于是她向我提出了这样一项温和的暗示："像您这种地位的人物一定要消息灵通，知识渊博。"

她的话确实是真理，既是恭维，又是一种温和的谴责。这使我多少觉得有点惭愧，因为她已经调查过我所阅读的材料，而那六种她推销的畅销的杂志并不在我的书桌上。

很自然地，我问：“订阅这六种杂志共要多少钱？”“多少钱呀，整个数目还比不上您手中所拿那张稿纸的稿费呢。”

于是，斯蒂芙离开时，带走了我订阅这六种杂志的订单。但这还并不是她通过热情推销得到的全部收获。她在征得了我的同意后，又到其他的办公室去进行推销，结果，她在离开之前，又招揽了我的五位职员订阅了她的杂志。

斯蒂芙用热情感染了拿破仑·希尔，成功地把杂志推销给了他。不可否认，她热情的工作心态在其中发挥了巨大作用。

对生活充满热情、狂热投入工作的人，每天早晨一起来就迫不及待地要将自己发动起来。他们目标明确，总是对生活充满渴望又精力充沛，能够始终坚守自己的使命。如此的热情来自对工作的热爱和对自己追求的享受。毫无疑问，这样的人肯定是生活中的强者。

热情能够帮助你在较少时间内完成更多的事，帮助你做出更好的决定，使你显得更富有魅力。在热情的驱动下，你会觉得你的日子飞一般地流逝，你的成就也来得尤为迅速。

全神贯注，活在当下

以前听一个人说过我们应该活在当下，即一种全身心地投入人生的生活方式。当你活在当下，而没有过去拖着你后退，也没有未来拉着你往前时，你全部的能量都集中在这一时刻，生命也因此具有一种强烈的张力，你可以把全部的热情放在这一刻。不要去想过去的事情，也不要去担忧未来的生活，这样你才能做到真正的无忧无虑。

有一则故事这样说道：

有个小和尚，每天早上负责清扫寺院里的落叶。

清晨起床扫落叶实在是一件苦差事，尤其是在秋冬之际，每一次起风时，树叶总是随风飞舞落得到处都是。每天早上都需要花费许多时间才能清扫完树叶，这让小和尚头痛不已。他一直想要找个好办法让自己轻松些。

后来有个老和尚跟他说："你在明天打扫之前先用力摇树，把落叶统统摇下来，后天就可以不用扫落叶了。"小和尚觉得这是个好办法，于是隔天他起了个大早，使劲地猛摇树，他以为这样就把今天跟明天的落叶一次扫干净了。一整天小和尚都非常开心。

第二天，小和尚到院子里一看，不禁傻眼了。院子里如往日一样满地落叶。老和尚走了过来，对小和尚说："傻孩子，无论你今天怎么用力，明天的落叶还是会飘下来。”小和尚终于明白了，世上有很多事是无法提前的。唯有认真地活在当下，这才是最真实的人生态度。

未来都是未知的，你如果把力气全都花费在那里，就会错过眼前的美景，永远也体会不到此时的快乐。有一位作家这样说过：“当你有意去找快乐的时候，往往找不到；然而当自己活在‘现在’，全神贯注于周围的事物时，快乐便会不请自来。”或许我们来到世上的目的就是让我们好好享受自己经历的每一点每一滴，感受身旁的每一件事，关注正在进行的生活而已。毕竟，昨天已经流走，明天还是未知，只有现在是抓得住的礼物，又怎能不去好好珍惜呢！

其实世界上的事物都具有两面性，就像中国古代哲学家庄子曾经说过的：树木被拿来做斧头的柄，反过来用来砍伐树木；油脂被用来点火，结果把自己给烧光。所以，任何事情都是有得必有失的，得失是相对而言的。正所谓“塞翁失马，焉知非福”。因此，我们应该懂得：得未必得，失也未必失。既定的事情已成事实，无法改变，而未来的得失还不确定，那就不要沉浸在这种患得患失的情感中。活在此时，时时感受现在，这也就是我们常说的“知足常乐”。

只要我们能好好感受生活的乐趣，那就是快乐。也许有些人追求了一辈子也只是那样，我们只有感恩现在的生活才能最快乐。

不要让不良情绪扩大

美国洛杉矶大学医学院心理学家加利的研究表明，一个心情舒畅、性格开朗的人，如果同一个整天愁肠百结、抑郁难解的人相处，不久也会变得性情沮丧，这便是不良情绪传染。这种传染是在不知不觉中进行的。敏感性和同情心愈强的人愈容易被不良情绪传染。美国密西根大学心理学教授詹姆斯证明，只要二十分钟，一个人就可能受其他人低落情绪的传染。由此可见，不良情绪的传染比病菌还快。

当一个人生气的时候，经常会因按捺不住而发泄到周围无辜者身上，被发泄者受了委屈，又会转身对其他的人发泄……如此传染下去，就会影响身边很多人，让生活充满紧张空气。

心理学中有个原则叫“不要踢猫”，起源于如下的故事：

有一天，一位严格要求员工的董事长比平时起床晚了一些，在上班途中又遇堵车，结果他迟到了。他烦躁地来到办公室，冲着主任嚷了几句后就走了；主任火气腾腾地向正好走过来请示问题的行政主管嚷嚷开了；行政主管愣愣地出了门，看见正在印文件的秘书，也忍不住对她嚷了一通；下班后还闷闷不乐的秘书回到家，瞧见正在瞎捣鼓的儿子，就怒气冲冲的把他骂了一顿；儿子满脸委屈，看见自己的宠物——一只大花猫，就朝它狠狠地踹了一脚，结果大花猫“喵呜”一声，躲到沙发底下去了。

在生活节奏越来越快的今天，人们在享受现代生活便利的同时，也面临着更大的压力，神经经常处于紧张状态，好像张满的弓弦，稍有裂纹就会崩断。生活在这样的高压下，人的心理承受能力便到了脆弱的极限，一点点不顺的小事都会使得情绪一落千丈，怒火会像膨胀已久的火山，喷射而出。周围的人也许正处于类似的状态，于是，这种糟糕的心情或者情绪便会像瘟疫一样在人群中蔓延。稍不留意，还会将坏心情带给自己的家人，使他们成为“踢猫效应”链条末端无辜的受害者。

不良情绪在家庭成员之间尤其容易互相传染。在一个大家庭中，主要家庭成员，如父母的情绪暗示性大；而非主要成员，如小孩的情绪暗示性则相对小一些。假如在一天的开始，家庭某一个成员情绪很好，或者情绪很坏，其他成员就会受到传染，产生相应的情绪反映，于是就形成了愉快轻松，或者压抑沉闷的家庭氛围。

别人对我们不友好时，不一定是真的对我们有什么恶意，也许是他遇上了什么烦恼的事，一时没有走出负面情绪，不知不觉地把气撒到我们身上。面对这样的人，不要过分计较，要尽量宽容为怀，包容别人就是包容自己，没有经过你的允许别人也伤害不到你。

一句话，人的负面情绪是很容易扩散和蔓延的。当负面情绪来临时虽然很难控制，但还是可以控制住的。只要我们有“只做情绪的主人，不做情绪的奴隶”的信念，一切皆有可能。但无论如何，拿别人撒气总是不对的，对别人来说是不公平的。自己不希望别人把自己当出气筒，那么也别拿别人当出气筒，记住“己所不欲，勿施于人”。

PART 3 第三章

学点性格心理学，让不良性格消失

XUE DIAN
XING GE XIN LI XUE RANG BU LIANG XING GE XIAO SHI

世界上没有完美的性格，但是别让一些不良的性格毁坏了你的生活。性格心理学能够帮助我们调整摆脱因缺陷而导致的损失，很多时候我们会被蒙在自己的世界中，一叶障目，最终自己的人生道路越走越窄，把自己逼向绝路。好的性格会让自己不断地学习吸收正确的观点，让自己的视野辽阔。性格心理学就像是一面镜子，这样就可以及时纠正自己。

不要将事情永远堆在明天

“明日复明日，明日何其多，我生待明日，万事成蹉跎。”这是中国的一首古诗，名字叫做《明日歌》，说的是如果一个人做事喜欢拖延，总是把今天的事情推到明天去做，将永远不会有什么作为。

一个小小的偷懒使一家公司损失上百万美元的投入，这绝不是骇人听闻，而是一件发生在美国佛罗里达州的真实的故事。

这家公司是专门生产球衣和球帽的服装加工企业，2001年夏天因为开拓市场的需要，希望能找到一个合作伙伴，于是向全国的运动俱乐部发出邀请。有一家俱乐部在考察了服装公司的实力后抛出了橄榄枝，双方经过洽谈后达成了初步协议。一切都进行得很顺利。

在签合同前，俱乐部要求该服装公司做一份详细的季节市场分析报告，服装公司的老板对此事很重视，就派脑袋瓜灵活、对市场熟悉的职员詹森去办这件事。詹森向老板做了保证，会在十天之内把详细的报告放到老板的案头上。詹森定好了计划，他决定用五天时间去搞市场调查，三天时间写报告，一天时间进行修改，如果顺利的话肯定能按计划出色地完成任务。

詹森果然不同凡响，开始几天不辞辛苦地奔波于各个市场进行详细的调查，搜集了翔实的资料。老板看在眼里乐在心上，因为一旦俱乐部满意的话，马上就会拿出一百万美元作为投资，这对公司来说简直就是雪中送炭。

五天的调查过去了，詹森对自己也感到很满意，对他来说，万事俱备，只欠东风，剩下的工作只是自己动手把报告写出来而已，这对于已经掌握了一手资料的他来说只是小菜一碟。然而到了第六天，松了一口气的詹森却不想马上动笔写报告，心里想：已经辛苦这么多天了，今天就给自己放个假吧，就当是对自己的犒劳，明天再继续写，反正还不到规定的期限。

尽情玩了一天的詹森到第七天早上起床时又一次给自己找了个借口，决定推迟到下午再动笔。谁知道第八天早上老板打来电话叫他马上带着报告到公司来，俱乐部的有关人员已经在等候了。詹森无奈之下只好带着刚动笔的报告匆匆赶到公司。俱乐部方面要求看一看报告，詹森以还没有到时间为借口推托了，而俱乐部的说法则是：十天期限只剩下三天，就算报告还没写好，至少也该写完一半了，那就把这一半拿来先看看吧。

当詹森把只写了几行的报告递交上去的时候，俱乐部的人只简单应付了几句就转身离去，留下话说他们是不会把资金投给一个工作如此拖拉的公司的，他们不想把钱都打了水漂。

就这样，眼看就要到手的百万美元的投资却中途夭折了。不用说，垂头丧气的詹森也被老板炒了鱿鱼。

很多人都很有创意、很有思想，但就是因为拖延，让他们的才华永远地被埋没了。

困难面前切忌不可逃避

现实生活中，学会以正确的态度和行为来面对挫折和困难并非容易的事情。面对困难挫折，有很多人开始抱怨生活，或是因为家庭、婚姻的关系不合而导致心灰意冷，甚至产生轻生的念头，这些都是用逃避的态度来面对人生。

但是逃避往往不会解决问题，问题还会演变得更加严重，尤其是在工作中。

赵某和张某同是一家公司的同事，两个人的感情很好，工作也很认真，而且经常都是两个人在一起工作。老板对他们的表现都很满意，于是想在他们之间选一个人作为客户部的经理。但就在这个时候，却发生了一件意外的事情。

一天，赵某和张某一起去负责把一件贵重的古董花瓶送到车站。行至半路，送货车出现故障，熄火了。根据公司的规定，如果不能把客户需要的东西按时送到，是要扣奖金的。于是赵某就抱着花瓶，一路跑到了车站。这时候张某的心里就打起了小九九，他想：如果让客户看见我把花瓶抱着送来，他一定会告诉老板，这样就能使自己在老板心目中留个好印象。于是他就和赵某商量，说自己抱一会儿，让赵某去联系客户取货。

赵某没想那么多就答应了，但就在他把古董花瓶交给张某的时候，张某没有接住，花瓶掉在了地上，摔成了碎片。两个人都傻了，他们都知道这花瓶的价值。出现了这样的事情，好好的工作丢了不说，还很可能因为赔偿问题让自己负债累累。果然，老板知道了十分生气，把他们训斥了一番。

在他们等待处理的过程中，老板分别和他们进行了单独的谈话。老板首先是把张某叫到了办公室，张某对老板说："事情不是我的责任，是赵某不小心将花瓶弄坏的！"

随后，老板又把赵某叫到了办公室，赵某对老板说："这件事情是我们的失误，我愿意承担责任。张某的家境不好，请您酌情考虑对他惩罚。我们也会尽量弥补我们给公司造成的损失。"

随后的几天，两个人都等待着处理的结果。终于，老板再次将他们叫到了办公室，对他们说："公司对你们一直很器重，很多任务都是交给你们一起去做，本想在你们当中选择一个做客户部经理，却没想到在这个时候发生了这样的事情！不过这件事情的发生，也让我清楚地看到了你们当中谁更适合经理的位置。公司决定让赵某担任客户部经理的职务。因为，一个敢于承担责任的人，才是我们需要的，也是值得我们信任的！张某，从明天开始你就不用来上班了！"

老板又说："其实，古董的主人当时已经看见你们了，事情的细节和真相他都跟我说了。而我的决定正是根据你们在出现问题后的反应和处理态度做出的。"

就这样，企图推卸责任的人被罢职，而勇敢承担责任的人不但没有遭到处罚，反而被委以重任。

在现实生活中，很多人为了躲避痛苦和责罚，选择了逃避责任和逃避问题的方式。其实，真正的问题又怎么能逃避的了？逃避不能在根本上解决问题，只能让失败者更失败。

人生中最大的错误就是逃避，因为凡是你想要逃避的，都是你必须面对的！

冷漠会毁了你的人生

拥有美好的心情和乐于帮助别人的情怀，即使你面对的只是一堵白墙，心中也会拥有最美丽、最动人的景色。正如下面的故事所述，你会发现不一样的人生。

有两个重病患者同时住在一个病房里，房间不大，只有他们两个人。一个人的床靠近窗子，另一个人的床靠近门。

靠近窗子的病人每天都能坐起来看看窗外的景色，靠近门的人每天都只能躺在床上，而他从门里迎来的，永远都是换药的护士和观察的医生。靠近门的人感觉很孤寂，心情很沮丧，而靠近窗子的人却每天都很开心，乐观而开朗。

靠近窗子的人为了让靠近门的病人的心情好一点儿，就给他讲述窗子外面的景色：公园的湖水在阳光的照射下发着银光，天鹅和鸭子在湖里面自在地游泳；孩子们在家长的带领下在湖边撒面包片，放模型船；年轻的恋人们在树下牵手散步；一帮小孩子在草地上踢球、嬉戏；头顶，是一片湛蓝的天空和缥缈的白云……

靠近门的病人听到这样的话果然心情好了很多，他甚至能想象出外面的景色是多么的迷人而惬意：孩子嬉闹的场面，美丽的女孩穿着夏装，青年在树荫下拉着小提琴……他似乎自己亲眼看见了一样地高兴。

靠近门的人每天都听靠近窗子的人的讲述。渐渐地，靠近门的人就想，为什么不是我在靠近窗边的位置呢？如果是那样的话，我就每天都会像那个靠近窗子的病人一样高兴了。他越想越不是滋味，总是想要和靠窗子的人换换位置。

一天晚上，靠窗子的人病情发作，不住地颤抖、咳嗽。他努力地想要去按电铃叫护士来急救，却怎么也按不到。靠近门口的病人也醒了，但为了让自己也能亲眼看一看外面的景色，他没有帮忙按电铃，冷漠地看着他的朋友慢慢死去。

如他所愿，他终于搬到了靠近窗口的位置，等到屋子里就剩下他一个人的时候，他吃力地撑起自己的身体，向窗外望去，但是他惊呆了！他看到的不是公园，也不是湖水，更不是年轻的恋人和碧绿的草地，他看见的是一堵白色的、冷冰冰的墙壁。

原来，靠近窗子的病人生性乐观，为了让靠近门口的病人也高兴一些，他才编造出窗外的美丽的景色来愉悦靠门口的病人的心情。靠近门口的病人因为他的自私和冷漠，不但毁灭了自己心中的那个美丽的景色，而且永远地失去了一个肯让他开心的朋友。

如果这个人的心里没有嫉妒、贪念和冷漠，帮助他的伙伴叫来护士和医生，他还可以听到那美丽的故事，他还有一个朋友每天和他聊天。但现在，他只剩下自己一人，和那面冰冷的白墙——冷漠的心墙。靠近门口的病人没过几天，也在深深的自责和愧疚中死去。

美好的心灵能让自己快乐，也能让别人快乐。就像那个靠近窗子的病人，他的快乐发自于内心，所以即使面对的只是一堵冷冰冰的白墙，他依然能乐观，热情地帮助别人，让靠近门口的病人也享受到了快乐和温馨。

学会赶走忧郁，保持乐观

几乎所有的人都喜欢和乐观、开朗的人交往。而那些总是给人传递一种忧郁、伤感的人，是会被大众排斥的。若你自己因为艰苦的经历而时常感到忧郁，自己无法控制，而又不肯和别人沟通，久而久之，你将自己的内心世界隐藏了起来。忧郁，便成为一个人习惯性的情绪表露，而这种情绪会导致什么样的好后果，我们也将可想而知。

小吴在一个机关单位里工作，奉行勤勤恳恳工作，老老实实做人的原则，本来与世无争。可是一件意外的事情打破了他原本平静的生活。

有一天，他突然收到了一封邮件。邮件上说他的一位从未听说过的远房亲戚在国外死去，临终时指定他为财产继承人，他所要继承的是一个价值连城的珠宝商店。小吴被这突然的喜讯弄得欣喜若狂，马上忙碌起来，准备出国去办财产交接手续。

然而，就在他准备好了一切，即将动身的时候，一个坏消息又传来了。那个珠宝商店被一场大火付之一炬，所有的珠宝也全都被烧毁了，他已经没有东西可以继承了，所以也没有出国的必要了。

这个消息犹如晴天霹雳一样在小吴的脑里炸开，眼看着就要到手的财产就这么又没有了。他很沮丧，也很痛苦。

之后他继续回机关上班，但他却像完全变了个人一样，整天愁眉苦脸，唉声叹气，逢人就对他诉说自己的不幸。别人也只好安慰他，说没什么大不了的，就像你原来那样上班、工作不也挺好的吗？

“那可是一大笔财产啊！我一辈子的薪水也比不了那里面的一个零头！”小吴大喊道。

“你想想看，你之前不是也是什么都没有吗？你现在依然是这样，什么也没有损失啊！放下心理包袱，忘了它吧！”同事劝解说。

“这么大一笔财产，你竟然说什么也没有损失？”小吴几乎尖叫起来。

在一个你从来没去过的地方，有一个你从来都不知道的房子发生了火灾，这跟你有什么关系呢？许多人都会固执地认为失去的是自己的东西，因为它只要存在，就是属于自己的。

出身农民家庭的小梅原本对生活并没有太高奢求。但她在生活越来越平稳、生活质量越来越高时，却总是忍不住回忆过往的事情，而且都是小时候吃苦的事情。她老是拿现在生活的享受跟过去受到的苦作比较。每当这样比较时，小梅的心情就很忧郁，她不断地和自己的爱人诉说，时间一长，爱人也很不耐烦。

她的坏情绪也影响到同事。有一次，很多同事在一起吃饭，正有说有笑地谈论着，小梅却突然哭了起来，而且越哭越伤心，越哭越委屈。同事们急忙问她什么原因，她说这样开心的场景让她想到了她小时候的苦日子……最终同事们不欢而散，小梅的爱人也因为受不了她每天都沉浸在忧郁和痛苦中而要和她离婚。

其实，治疗忧郁的办法有很多种，但这一切都得建立在你愿意改变自己思想的前提下。试着让自己开心起来吧！你会发现这世界真的如此美好！

不要让怨恨迷失了自己的心灵

宽容，就是给了别人一个天堂，而自己也身在其中。

退一步海阔天空，宽容那些虽然犯错却本性善良的人，会让你在仇恨和报复的轨道上重新向善良和美丽的方向行驶。

一味地相互报复，只会让自己和别人心灵的创伤不断地增加。报复了别人的同时，也伤害到了自己。你可以创造一个天堂，也可以制造一个地狱，宽容和报复就是决定天堂和地狱的因素，但无论是天堂还是地狱，你都身在其中。

有一位物理学的教授，名声极大，几乎所有的人都评价他为国宝，是百年不遇的天才。教授晚年的时候收了几个徒弟，并把他们当作关门弟子，留在家里教学。因为他知道自己已经老了，需要培养出更多的接班人为物理学继续努力，为国家争光。

这几个学生都是大学里的优秀人才，都在物理学上显示出了极高的天赋，其中有一个学生尤其出众。但教授对他们的态度却是不一样的，他经常会呵斥那个天赋比较高的弟子，而对其他人和颜悦色。这让那个人的心里很不平衡，他认定了老师讨厌他，因此故意刁难他。

每次，老师都把最困难的工作和习题交给那个学生，而那个学生也经常感觉到自己的工作和习题的难度是超常的，所以他没有办法像其他同学一样很快地拿出答案或是将任务完成，也就经常遭到老师的责骂。

实际上教授是发现了他对物理学的天赋简直是千年不遇的，他希望将来这个学生能成为物理学界的领军人物，所以才对他要求甚高，以至于到了苛刻的地步。但这个学生并不理解老师的良苦用心，他认为老师是有意刁难他，将他和别人分别对待。于是他渐渐地开始憎恨自己的老师，老师越是给他出较难的题目，他就越是反感；老师对他越严厉，他的抵触情绪就越严重。

终于有一天，他因为不堪忍受老师严厉的训斥而用利器将老师打死。他自己也因为杀害了自己的老师而被捕入狱。

在监狱里，他的母亲去看他，一边哭一边对他说："你知道吗？你的老师经常背着你对别人夸你，而且他已经准备让你接他的班。他认为你是一个可以超越他的物理学天才……"

尽管这个学生醒悟了、悔恨了，知道了自己老师用心良苦，但悲剧已经酿成。

怨恨的情绪是如此的可怕，它能让每天都生活在一起的人反目成仇。

如果那个学生能够理智地面对老师给他的困难习题和任务，如果他能在自己对老师产生不满情绪的时候，主动去找老师把问题谈清楚，那么，这样的悲剧就不会发生了。

即便我们遇到的是居心不良的恶徒，也不应该疯狂地施展报复，因为最先伤害到的一定是自己。

嫉妒只会酿造悲剧

现实生活中，很多人很容易陷入嫉妒中，不过，要知道对于别人的嫉妒，实际上是对自己的一种惩罚和虐待，是对自己的一种心理折磨，更会严重地影响自己的成长与进步。与其花费时间和精力去嫉妒别人，不如增加自己的本领和修养，等到自己的品德和成就都得到了别人羡慕的时候，自己的价值就得到了体现，别人自然也会尊重你、信任你！

小辉在一所名牌大学里读大三，学的是历史人文学科。他学习努力，是以优异的成绩考入学校的。刚上大学的时候，他很愿意帮别的同学的忙，而且为人热情、大方，性格很开朗，所以老师和同学们对他的印象很好。

可是慢慢地，小辉的心理就发生了变化。他受不了看到别的人比他出色，比他强。老师表扬其他同学的时候，他的心里就酸溜溜的，认为那个同学做的也没什么了不起的；看到别的同学家境富裕，他心里就嫉妒，并埋怨自己的出身不好；看到别的同学拿了奖学金或是被提为干部，他就嫉妒得连觉也睡不好，认为人家是走了后门，自认为论能力，他才是应该当选的。

小辉有一个同学，和他是同乡，两个人的学习成绩不相上下，而且又是同一年考进的大学，小辉就总是暗地里和他比较。同乡被提为班级里的干部后，小辉的嫉妒心更盛了，认为老师对同乡有偏爱才让他做班干部。渐渐地，小辉的嫉妒心态不断地升级，他的注意力已经完全由学习转到了自己同乡的身上。

为了把自己的老乡比下去，他不但四处散布同乡坏话，而且在竞选班级干部的时候，暗地里做小动作，拉选票。为了超过老乡的成绩，小辉在考试的时候作弊，被抓了个正着，不但脸面尽失，而且受到了被开除的处分。

嫉妒酿造了无数的悲剧，小辉还只是其中的一个。我们应该从他的身上看到，嫉妒是一种害人害己的不良思想。在嫉妒心理的驱使下，人们会迷失心性，无视道德，身心被残害，最终导致思想偏激，行为极端，酿成恶果。

其实，嫉妒是由一种不良的心理状态引起的偏激反映，虽然引发嫉妒心理的原因多种多样，但克服的办法却是很简单也很直接的。只要能够把自己看问题的角度稍作调整，就会发现嫉妒别人是完全没有必要的。

合理学控你的虚荣心

虚荣的人，别人有什么自己就想要什么，总是希望自己的一切都比别人好。要面子，好面子，希望面子上好看是这些人的共同特点。心理学家研究指出，虚荣心其实是自尊心的过分体现。他们经常会用一种虚假方式来保护自己的自尊心或是体现自己的自尊心。

手机作为现代化的个人通信工具已经开始普及，很多人以拥有一款时尚新颖的手机而倍感自豪。尤其是年轻人，他们对手机的追逐和更换频率是很快的。每当一款具有新功能的手机出现，他们必定要买来换掉旧的，以显示自己的时尚品位和富有。

一位女大学生赵某，父母都是农民，家庭并不富裕，背井离乡来到城市上大学，圆自己的大学梦。

在城市的大学生活中，她看着同学们每天都拿着时尚精美的手机，或开心地聊天，或偷偷地发信息，就羡慕得不得了。因此，她很希望自己也能有一款手机。但是由于自己家境贫困，自己的学费都是父母辛辛苦苦攒出来的血汗钱，而手机的价格却很昂贵，所以拥有一款手机对她来说，简直就是个奢望。

由于虚荣心的作祟，她总感觉自己没有手机而被人瞧不起，眼看着同一个寝室的姐妹们都有了自己的手机，相互记着号码，她的心里就难受得很。尤其是被人问到“你的手机号码是多少”的时候，她更是尴尬地无地自容。久而久之，她对手机的渴望在逐步地升级，总是幻想自己也有一款手机，那么她就可以得意地和同学们谈论关于手机的话题和有趣的信息了。

到了交学费的时候，家里给她邮了几千块钱。为了让自己也有一款手机，她毅然地用自己父母邮来的学费去买了一款手机。得到了手机的她高兴得不得了，急切地了解着手机的性能和功能，也和同学们记录着号码，丝毫也没考虑到学费的问题。就在这时，意外的事情发生了，新手机刚刚使用了三天，在她还在为自己也有一款手机而高兴的时候，手机却不翼而飞，丢了！这对于她来说无疑是晴天霹雳。她怎么也接受不了这个事实。自己花了这么大的代价才拥有了一款手机，为什么却偏偏的丢了呢？

极度的不平衡心理让她失去了理智，于是，为了让自己再次拥有手机，她开始酝酿一个出格的事情。她绑架了一个小男孩，并打电话给男孩的母亲，让她用5000元钱来赎回自己的孩子。男孩的母亲报了警，警方很快就抓获了赵某，并将其拘留，等候审判。

事后赵某哭着说：“我只是想拥有一款手机，难道我错了吗？为什么别人都能有，就我不能，我不想被人瞧不起……”

就因为虚荣，赵某让自己的大学生活提前结束，并将自己送进了司法机构。然而，等待她的，将是漫长的牢狱生活。

就像赵某，其实没有任何人会因为她没有手机而鄙视她，真正让她自己不安心的，是她的虚荣和浮躁。同样，即使是有了手机，也没有谁感觉她有多么富有与高大，崇拜她的，依然是她自己。

虚荣既像是一个恶魔，也是一柄利刃。即便你满足了他，也会被他所伤。

虚荣也许就是一把双刃剑，它不是一种罪戾，但却能积发人性中恶的一面；虚荣也不是一种荣耀，但可以以此为起点，草创自个儿崭新的人生。我们何必为自个儿的虚荣而自责，人可以被自个儿的虚荣压垮，也可以以虚荣作为自个儿向上向前的目标。

悲观的人与成功无缘

有的人生性悲观，什么事情都愿意往最坏的方向想，而事实证明，这样的人通常没有什么好的运气。

有一个故事很典型，它充分说明了悲观带给人的影响。

有一个年轻的运输司机，负责给一家货运公司开车送货。他开的是一辆有冷冻功能的冷藏车，为了保证一些货物的质地在运输途中不发生变化，车厢里的温度一直被调到很低的状态。

有一次，这个年轻的司机把货物送到了地方，在车厢里检查货物的时候不小心把车门关上了。后车厢的车门只能在外面打开，然而，周围没有人，司机呼救无果，被困在里面了。整整一夜，司机都没有办法出去。他只感到越来越冷、越来越冷，到最后他冻得连动都动不了了。

清晨，人们发现了货车却没看见司机，就很纳闷，等打开车厢一看，一个年轻的司机已经在车厢里被冻死了。验尸的医生对他检查过以后证实，他是被冻死的。就在所有的人都为他惋惜的时候，有人突然发现，车厢里的冷气那个时候根本就没有开，车里的温度和外面的差不多，就算是夜里的温度也不可能冻死人，最多也只能导致感冒。

所有的人都惊讶了。原来，小司机被关在里面后，就一直在想，冷冻车厢里的温度是能冻死人的，于是他越来越悲观，感觉自己会被冻死在里面。他的心理暗示也让他感觉车厢里的温度越来越低，最后，他居然真的被冻死了！

这就是悲观的效应。如果这个司机能乐观并且保持坚持活下去的信念，他就一定会惊奇地发现，车子里的温度没有那么冷，那么他所受的苦，也就是在并不温暖的车厢里睡上一夜而已。

跟人们所遇到的困难和痛苦相比，悲观和绝望才是最可怕的。曾经有一个餐厅的经理被实施抢劫的歹徒开枪击中，幸运的是邻居很快就发现了他，并把他送到了医院。经过了十几个小时的紧急抢救，年轻的经理获救了。

有人问他："在那么危险的时候，你想到了什么？"

他回答说："第一是我应该锁好后门，第二是在他们开枪击中我的时候，我想我要活下去！"

他接着说："医护人员很伟大，他们一直安慰我，告诉我没事的，让我放心。但在他们推我进手术室的路上，我看到他们的表情很忧虑。这把我吓坏了，因为他们的表情似乎是在说——我已经是个死人了！在那一刻，我知道我得救自己！"

"但是那个时候的你能做什么呢？"人们又问。

年轻的经理笑着说："当时有个护士趁着我还清醒问我——是否对什么东西过敏。我说是的。她又问我是什么？我对她说——子弹。"

"这个时候，所有的医生和护士都在笑，脸上的忧虑表情消失了。"我又继续对他们说："我现在选择继续活着，我需要你们的帮忙，请把我当作一个病人来医治，而不是当作一个活死人！"

就像我们知道的那样，年轻的经理活了下来。一个身中枪伤、奄奄一息的经理能在乐观中活下来，而一个仅仅是被锁在车厢里的司机却被自己的意念和悲观杀死，这不能不说是乐观和悲观的心境而导致的结果。有时候，我们遭遇的一切都远没有我们自己想象的那么糟糕，只是我们自己对未来的悲观猜测和臆想让我们失去了希望。在遇到困难和厄运的时候，像那个经理一样用乐观的思想和坚强的意志去面对，任何事情都可能有转机。

到任何时候请相信：悲观是失败的源头，而乐观是成功的根本。

勤奋的人必能成功

勤奋能给人带来很多好处，有些时候，只是一时的勤奋，就能改变一个人的一生。

赵宾刚刚踏上社会的时候，还是个毛头小伙子，在一个家具厂工作。由于赵宾为人踏实，积极肯干，厂里的领导和员工们都和他很合得来。渐渐地，赵宾对木匠活开始感兴趣了，于是就向厂里的老木匠们学起了木工。老木匠们看赵宾虚心爱学，又尊敬长辈，也都愿意教他，赵宾也就逐渐地学会了木工。

赵宾的勤奋是厂里尽人皆知的。他每天都是头一个就来，最后一个才走。不仅是自己的工作，一些分外的工作赵宾也经常主动干，包括打扫卫生、为大家烧水等。

有一次，赵宾和司机去农村送家具。到了农村，赵宾发现，农村人有很多旧家具，那些木质都是现在很难弄到的好木头，而且质地厚重，有充分再造的空间。由于这些旧家具都破旧不堪，上面的雕花和绘画也都已经难以分辨。于是他想：这些对于农民来说已经是旧家具了，丝毫没有什么用途，我为什么不能把他们收回来改造成质地良好的新家具呢？

主意打定，赵宾就自己买了辆三轮车，收了几套旧家具回来，或是让他们用旧的家具和补差价的钱换新家具，或是低价收购他们的旧家具。就这样，赵宾在工作的同时，又搞起了家具翻新的行当。他充分利用下班的时间，把收购来的旧家具拆掉，变成有用的木材，再将它们抛光，弄成上等质量的板材，最后设计成现代的时髦家具。正因为如此，他做的家具无论是质量、材料、还是样式，都是最出色的。所以他的家具也马上就得到了很多消费者的认可，大家都争相向他购买。

赵宾最后干脆辞掉了家具厂的工作，自己雇了几个人，专门用他收购回来的木材设计和制作新的家具。而他自己，则往返于各个村落间收购旧家具。赵宾起早贪黑地干，有时候饭也顾不上吃，终于让自己的小生产车间小有名气，慢慢地，省城的大家具城都主动向他要货。由于买主的不断增加，迫使赵宾必须加大生产规模，于是他便用自己赚的钱收购了原来他工作的家具厂。之后就有人专门负责收购旧家具和木材，有人专门制作，而赵宾就负责在省城的各大家具卖场联系业务，拓展市场。

经过几年的不懈努力，赵宾的家具厂已经从小镇上搬到了省城里，而他制作的家具也申请了品牌，销路更是不断地扩增。当有人问赵宾，是什么让他这么快就取得了成功的时候，赵宾说："是勤奋！我天生就愿意忙碌。在勤奋中，人的思想才会活跃，人的斗志和潜能才能被不断地开发出来。如果说我有什么和别人不一样的地方，那就是我自认为我比很多人都勤奋。一些不起眼的活，也能影响人的命运。"

拒绝懒惰，走向勤奋，就相当于拒绝贫穷与失意，走向一个富足与快乐的明天。

PART 4 第四章

学点爱情心理学，让爱情更甜蜜

XUE DIAN
AI QING XIN LI XUE RANG AI QING GENG TIAN MI

爱情心理学告诉你：爱情是两情相悦，爱情能鼓励人向上，爱情的美能够在感动中体会，爱情是充满想象和超脱现实的生命体验，爱情有甜蜜，也有苦涩，爱情是包容，是真诚与理解，勇敢地去爱吧！莫让爱你的人空等待！

金无足赤，人无完人

俗话说：“金无足赤，人无完人。”每个生命个体都不可能是完美无瑕的。如果我们抱着寻找完美的态度苛求自己和别人，那么生活可能会变成一团乱麻。

有个叫王强的小伙子发誓要找到一个完美的姑娘作为自己的妻子。很快他便遇到了一个非常漂亮的姑娘，姑娘也很倾心于他，他们很快确定了恋爱关系。不过一段时间之后，王强发现这个姑娘人虽然很漂亮，但是说起话来却有些不知道轻重缓急，办起事情来也眼高手低，常把事情搞砸。因为无法忍受这个姑娘的浅薄，王强愤而与姑娘分手了。

王强结识的第二个姑娘是个人才，不仅小模样生得俊俏，为人处世也是一等一的高手。可是相处不久，王强就发现，这个姑娘有个致命的缺陷，那就是脾气不好，个性太强。她不是能干吗，于是就利用自己的能干控制王强，想事事凌驾在王强头上，王强几乎成了任她呼来喝去的牛马。由于王强实在无法忍受这样的折磨，终于无奈地和这个姑娘说了“拜拜”。

王强继续寻找他的白雪公主，所谓“功夫不负有心人”，最后终于找到一个不仅相貌出众、为人精明，而且脾气温柔的姑娘。谁知道两人才相处了不到半年，这个姑娘却因为体质荏弱住进了医院。出院后，也只能长期卧床静养，一张病态发黄的肿脸再也不复从前般如花美貌，因为赋闲在家，昔日的才华和能力也再无用处，只剩下毫无魅力可言的好脾气。犹豫了一段时间，虽然很违背良心，王强还是和这个姑娘分手了。

王强并不气馁，继续调动各种资源竭尽全力寻找理想中的爱人。最后终于找到了一个年轻漂亮、聪明能干、温柔体贴，而且身体健康的白雪公主。他满意透了，立刻便向这位姑娘求婚。可是姑娘看了看他，小嘴一撇将他拒绝。因为这个姑娘也正在寻找一个英俊潇洒、精明强干、脾气和身体状况都非常好的白马王子，而王强并不符合她的要求！

人生的确有很多不尽如人意的缺憾，我们很难找到十全十美的人，也很难完成十全十美的事情。没有缺憾我们就无法再衡量完美。因为，没有缺憾的世界才是一个真实的世界。这样看来，缺憾本身不也正是一种完美吗？

爱人根本就没有所谓的完美，所谓完美不过只是人们拘囿于个人视野中所产生的偏见罢了。人必须学会不苛求自己和他人，更要学会欣赏缺憾美，否则只能被完美主义的幻想所戕害。

择偶固然如此，人在社会上结交朋友、与同事和各种人分工合作的时候，何尝又不是如此呢？

人生是很奇妙的，有时候，正是因为缺憾和不足，我们才会对某些东西感到更加珍惜，更加努力地追求生活的价值和意义，人生也因此变得更加充实和富有意义。

男女择偶心理大不同

择偶心理是指男女双方在选择自己恋爱对象时的心理现象和心理活动规律。一般来讲，人们建立恋爱以及婚姻关系的目的，是为了满足某种需要。因此，择偶成为每个人成年之后必须面临的问题。而择偶的标准因人而异，主要决定于本人的恋爱观、婚姻观和家庭观。

1.常见男性择偶心理

一般来讲，男性的择偶心理包括以下几种类型：

追求美貌。“爱美之心，人皆有之”，这种择偶心理在男性当中极为普遍。尤其在一些年轻男性的心目中，女性的相貌往往是第一位的。希望自己的恋人漂亮，这是人之常情，但是有很多男性常常是一味地追求外表美，结果可能会误入歧途。事实上，正如歌德所说：“外貌美丽只能取悦一时，内心美方能经久不衰。”靠对方漂亮的外表产生的爱情是短暂的，随着岁月流逝，爱情也会随着外貌的衰老而消失。因为真正的爱情的产生和维持，靠的是对方经久不衰的内在吸引力。

温柔贤淑。温柔贤淑，在某种意义上可以称之为女性的代名词了。在择偶过程中，男性都希望自己的爱人温柔体贴、知书达理、善解人意。同时下得了厨房，进得了厅堂。更重要的是，任何男人都不希望娶一个泼妇回家，更不希望今后自己的家庭永无宁日。

年龄比自己小。一般而言，男性都希望自己能够给女性一种安全感。他们认为年龄较小的女性相对来说更容易对自己产生强烈的依赖性。而且，他们知道，在一般女性眼里成熟的男士具有更大的魅力。所以，很多男人愿意选择一个年龄较自己小的女孩子做自己的恋人。

性欲强烈。相对女性而言，男性的性欲往往更加强烈，因此他们也把性欲强烈作为自己的择偶标准。由于性冲动使然，男性往往在闭上眼睛的时候，眼前晃动的全部是女性的动作、眼神、服饰、表情等，以及随之而来的大胆而美好的幻想。

聪明含蓄。聪明的女性知道何时何处应怎样顺从男子，而且懂得安抚的手段；又能适时地显出自己的智慧，使男子佩服自己；懂得适时恭听男子的故事，常常表现出一种适度的尊敬态度，而且在男性失意时，能够给他以安慰；在男性彷徨时，能够使其坚定信心。

除以上几种择偶心理外，男性在择偶过程中也常常关注温柔体贴、具有良好的家庭背景且比自己弱的女性。因为这些女性往往能够激起他们作为男子汉的豪情。但是男性一般都是比较理性的，所以他们的择偶标准尽管会常常发生变化也显得比较现实和理性。

2.常见女性择偶心理

在选择自己的恋爱或者结婚对象时，女性往往喜欢按照自己事先定好的标准“精挑细选”。在很多年轻女性的心目中，爱情都是理想化的。她们会幻想像小说中所描写的那样，在一个月白风清的夜晚，白马王子突然从天而降，爱情之花从此便奇迹般地大放光彩。但是，现实生活毕竟不是童话，它与小说有着太大的不同。年轻女孩子一定要认识到这一点，走出童话世界，面对现实生活。

在择偶方面，当代女性心目中的另一半往往是完美的，是能够给自己带来安全感的；也有的女性追求的是优越的物质生活，也有很多追求的是真正的感情。据心理专家研究发现，一般来说，女性的择偶标准主要有以下几点：

求完美心理。现实生活中，有很多女性在选择对象时，会事先制定一系列标准，条条框框很多，凡不符合其中一两点的，哪怕其他方面都中意，也不在考虑范围。具有这种择偶心理的，以年轻的女孩子为多，但这个原因常常会使她们成为大龄剩女。“金无足赤，人无完人”，对待任何人，包括自己的恋人，要求都不能过分苛刻，因为在精挑细选中，属于你的爱情可能会与你擦肩而过。

攀比从众心理。女性似乎天生就存在着严重的虚荣心和攀比心理，在择偶时也往往能够表现出来。比如，看到好友找到一位有钱有貌的男朋友，她就会担心自己的男朋友会不如好友的优秀。如果自己的男朋友逊色于好友的男朋友，她就会感觉没有面子，很丢人。

跟着感觉走。这种择偶心理一般发生在浪漫的女孩阶段。这时的女孩子，因为网络、电视、小说等媒介信息的影响，多数都渴望找到那种叫做“爱情”的感觉。这种感觉一般取决于对方的形象、气质、言谈举止等个人素质，与经济条件、家庭背景等其他条件无关。但也不一定，这也许仅仅是一种“感觉”。这时的女孩拒绝男人的大多数理由很可能是“没有感觉”。

此外，在择偶的过程中，很多女孩子把有安全感、投缘以及能给自己精神上的满足等条件作为择偶的标准。但是不管她的择偶类型属于哪一种，请记住：以利交者，利尽则情尽；以心交者，方能永恒。

结婚不是儿戏

真正认识一个人的确是一件很难的事情，俗话说“路遥知马力，日久见人心”，识人是一个很漫长的过程；“打架不能劝一边，看人不能看一面”，识人需要有全面客观的观察；“水清石头自然现，过后才能见人心”，识人需要依赖实践的检验；“疾风知劲草，乱世识忠良”，“事难才显英雄相，天寒更见松柏青”，识人需要的是患难之中血与火的考验；“人心隔肚皮，饭甑隔木篦”，“千年干不了海水，三年试不出人心”，识人的确是一件非常深奥、非常难做的事情。

好莱坞女星蕾妮·齐薇格的前未婚夫、乡村歌手肯尼·切斯尼曾坦承，他与齐薇格举行浪漫沙滩婚礼是心血来潮，纯属一时头脑发热。他后悔两人没有在拍拖的时候充分了解对方就仓促结婚，结果到头来这段婚姻仅维持了四个月就草草收场，而且给双方都带来了痛苦。

说实话，切斯尼和齐薇格当时在维京群岛的海滩上举行低调婚礼的消息传来时，很多人都很吃惊。因为他们拍拖的时间只有几个月而已。两人当时都表示，他们是一见钟情，所以这么快结婚并不奇怪。现在看来，他们自己酿的苦果只能是自己吃。

当人们还在回味齐薇格身着白色低胸婚纱、手捧新娘花束与切斯尼依偎在一起，接受婚礼来宾的祝福时，这对金童玉女却已经一拍两散。正如他们当时结婚的消息让人震惊一样，他们离婚的消息更是成为娱乐圈里的一枚重磅炸弹。

切斯尼说，早知这样，当初他们谈恋爱的时间就应该更长一些。他说："我现在才明白，为什么那些经典的老情歌都有这样的词：'我们结婚时内心火辣无比，比胡椒粉的味道还浓郁，感觉就像是发了烧一样大脑发烫。'现在回想起来，那时我的确也是这样的感觉，而婚姻其实应该是非常慎重的。"

由此可见，在爱情面前不能被激情冲昏了头，要随时随地保持清醒，不能犯下不可弥补的错。错误犯了，伤害造成了，这是时间所弥补不了的。虽说慢慢地会淡忘，但是心口始终会留下疤痕，那是任何岁月流逝都洗涤不掉的。爱惜别人也是爱惜自己，力的作用是相互的，其实不仅仅只有力的作用是这样，很多事情都是这个道理。

随着时间的推移，我们会发现别人的优点，不可避免地也会发现别人的缺点。一开始若把对方想得太过于完美，到头来不只会惹自己伤心，也会使自己对对方做出一些伤害的事情来。因为对一个人的期望值过高，并不是一件好事。当对方达不到你的期望值时，你会很容易滋生不满情绪。如果一开始把对方看得平凡，当发现优点时会开心，发现缺点时只会觉得是平常事，因为我们都明白任何人都会有缺点。

日子久了，自然什么都知道，什么都明白。所以，择偶一定不要轻率，一定要经过一段时间的相处之后再下结论。否则，就有可能错过一些合适的人，也可能选择一些不该选择的人，最终自食其果。

如果爱，就要主动出击

“先动优势”，指的是在博弈中第一个采取行动的局中人所拥有的优势。

“先动优势”是一个经济学术语，指的是先采取行动的一方往往占据着竞争的优势，拥有这种优势可能带来最后的胜利。俗话说“先下手为强”，就是这个意思。

其实在争取爱情的过程中，也存在着“先动优势”。也就是说，想要获得爱情要主动争取，而不能一味被动等待。

生活中有很多事经不起等待，尤其是爱情！有人说，不是我愿意等待，也不是我不想去爱，是我的缘分还没有到来，万一找了一个不是我心仪的人，让我如何开怀？

有人说：“我曾经爱过，到头来我得到的却只是伤害。所以，不是我不愿意去爱，我是怕再受到伤害。无奈，我只有等待，等待幸福的到来。”

诚然，每一个人都希望自己的恋人能让自己怦然心动，希望自己的爱情只有唯美浪漫而没有伤痛。然而，爱情却总是在跟我们开着玩笑，往往我们付出了真心，收获的不只是幸福，同时还有烦恼。

恋爱中的男女总是或多或少地相信缘分，认为缘分来了我们就相爱，缘分去了我们就分散。可缘分到底是什么，自己也搞不清。缘分成了恋人彼此相爱的理由，也成了彼此分手的借口。殊不知，为了心中的那份缘分情结儿，而贻误了多少相爱的良机。

我们要放手去爱，莫为爱情去等待！等待只能让我们更无奈。于千万人中觅得自己心仪的那一个，并能两情相悦，何尝不是一种幸运，不是一种难得？如若不能，也不要把相爱当作一种罪过，因为爱情的世界里本来就没有谁对谁错。就算是错，也只能怪我们爱得还不够执着，容易患得患失，那就证明你还没有放下心中负累的包裹。怕不爱受不了，怕爱了找烦恼。

爱情有甜蜜，也会有苦涩，但是不要因为苦涩就放弃品尝爱情甜美的味道。勇敢地去爱，大气地去爱，哪怕受到一些伤害也无妨。

既然相爱，就不要计较谁付出得多谁得到的少，只要放手去爱就可以了。放下内心对爱情苛求的孤傲，摘掉禁锢你勇往直前的“紧箍咒”，大胆地去争取吧！

恋爱中对方最美

“情人眼里出西施”的心理现象，可以说是爱情的必要组成部分，尽管这是心理学上所称的一种“审美错觉”。错觉是对客观事物的本质联系的一种错误知觉，有审美错觉和认识错觉之分。认识错觉和审美错觉是有区别的：认识错觉，反映的是不真实的客观情况；而审美错觉是对审美对象深入体验之后，审美主体所产生的真实感。这种审美感觉在客观上看好像是假的，但在主观上却是真实的心理体验。

热恋中的男女对异性美的审视，既针对其外在体貌特征，也针对其内在心灵。只是心灵美可以弥补外表美的不足。正如俄国作家托尔斯泰所说的：“人不是因为美丽才可爱，而是因为可爱才美丽。”古诗云：“草茅多奇士，蓬荜有秀色，西施逐人眼，称心斯为得。”音乐大师贝多芬相貌丑陋，可年轻美貌的勃伦施维克小姐却为他神魂颠倒。

在现实生活中，许多人并不具有外在的吸引力，但仍有异性选择，并深深爱着她（他）。这是因为，在两性交往中，随着交往的深入，对方的内在美——诚实、坚强、理想远大、品格高尚、能力强等品质被相恋的另一方认可。

英国著名的女诗人伊丽莎白·芭莉特即便是身体状况不佳，而自己的才情为她获取爱情：

在19世纪40年代初的英国，有一个著名女诗人叫伊丽莎白·芭莉特。她原来是个卧床不起的病人，已经年近40，而且始终没有出嫁。但她却写得一手好诗，拥有众多的诗迷。

其中有一个比她小6岁的叫白郎宁的诗迷向芭莉特求爱。芭莉特鉴于自己的身体状况，觉得两人并不合适，于是开始加以拒绝。但白郎宁坚持不懈，终于打动了她那颗已经封闭的心。两人第一次见面的时候，白郎宁拉着芭莉特的手说："你真美，比我想象的美得多。"爱的力量真是伟大，一段时间之后，芭莉特的病竟然奇迹般地好转了。

在一般人眼里，芭莉特相貌并不出众，而且身体还不健康，何美之有？可白郎宁却在她的诗里发现了她的内在美，由内向外扩散，芭莉特成了他眼里最美丽可爱的女人。

"审美错觉"带来的可不都是动人的故事，它有时也会误导恋爱中的人。让他们一叶障目，不见泰山，只想着他的好，而忽略了其缺点，为以后的离散埋下了隐患。

那么，我们如何来正视并避免恋爱中的审美错觉呢？

要理智代替冲动。我们通常都说"恋爱中的人智商为零"，这句话是有一定道理的。因为在恋爱中，人的感情因素常常占据主导地位，从而导致感觉和认识上的偏差。所以，在恋爱的时候一定要对自己、对对方做一下全面而深刻地分析，不要让感情的因素冲昏头脑，因"审美错觉"而误入歧途。

热恋中的男女，要正确看待审美错觉。出现错觉无可厚非，但要通过正确的价值观、人生观来指导和修正这种审美心理。

一见钟情仅仅是爱情的开始

通常，钟情男女初次相见，除了对对方良好的学识风度、优美的身体仪表、得体的进退谈吐等外显人格特征表示悦纳、接受、欣赏外，异性交往在审美标准上的“生理效应”也是激发情感的重要因素。可以认为，陷入一见钟情的双方，一般都伴有一定的亲近、愉悦、爱慕等情感的或生理的体验与感受，这正是异性相吸的自然基础，对那些条件相当的男女更是如此。

一个人的情感会在短时间内变得十分强烈，这种令人痴迷的一见钟情是情理之中的事情。人们一般对这样的情感看得很重，认为这是可以决定终身的真诚相爱。这样的爱情出于真情非常重要，固然不假，但最终以此决定终身却不尽然。如果一见钟情就表示了爱情的存在，这样的爱情也是没有经过真正考验的爱情。一见钟情令你狂想，但它并不能代表真正的情感。更确切地说，这种感情只是凭着直觉，而没有经过慎重考虑地结识了一个陌生人，并且爱上了，把对方视为己有。而这样的相识并没有经过任何互相了解的过程，或共同经历过什么事情。那么，这样的爱情又怎么会有基础呢？

小马是个时装采购员。一次她乘早班飞机从上海飞入香港，在飞机上她趴着小睡了一会儿，当她醒来时却发现一瓶香槟压在她的胳膊下。小马叫来了空中小姐，询问是谁馈赠了这瓶神秘的香槟。空中小姐告诉她，是一位外貌非常出众、衣着考究的生意人送的。小马感觉很兴奋。

当她要下飞机的时候，生意人出现了。他很有魅力。他们互相做了介绍，他给了她名片，从他的名片里她知道，他是个非常有钱的人。他非常热情地建议她和他一起去旅馆，并带上当晚用的东西。

办完事后，她回到了他们定的旅馆。他们有了一夜情。她把衣柜里的衣服一件件地搬进了他的壁橱。他们过得非常快乐。她感觉自己疯狂地爱上了他。第五天，他像往常一样吻别了她，并祝她一天快乐。她甜蜜地同样回了问候。中午有个会，她下午四点返回了他的房间。她决定冲个澡，但是当她打开壁橱取她的睡袍时，却发现他的东西全没了，她跑进洗手间，一件他的东西都没有了。问询台的人告诉小马，他已经结了账付了款走了。他没有留下任何的东西，哪怕是一个小字条。什么都没有留下。小马绝望地哭了。她感觉自己彻底垮了。这个男人奇迹般地出现在小马的生活中，又不声不响地消失了。

富有浪漫色彩的恋爱如胶似漆，强烈的吸引力诱使双方走到一起。通俗爱情文学一般喜欢把一见钟情描绘得像是一阵席卷一切的狂风——他懒散的一瞥，他充满活力的身影，他富有男性魅力的微笑，他那颤动的心脏，她知道“这就是我要的男人”。这一切差不多仅用了两人生命中的三十秒就完成了。他甚至连她的名字都没听清楚，更不要说他对女方有何了解了。

真正的爱情需要真正的心心相印，然而要达到这样的境界并非易事，除非双方的感情已达到完全成熟的地步。真正的爱情必须是在性吸引的同时，了解对方的思想，熟识对方的观点和看法。

爱是包容，是真诚与理解

说起雄心壮志，有时女人比男人来得强。因为女人总想着她能改变对方，相信对方会因为爱她而改变自己；男人则持相反的看法，他希望女人永远保持最初见面的样子。这就使得男女之间的事情特别多，情感之路也绝对曲折。

记得作家尔玛班贝克曾经说过这样一句话："上帝创造了男人，我则可以把他改造得更好。"也有人顺着这句话说："既然上帝先造的是男人，再造女人，我们可以给一点意见，把男人造得好一点。"因为据说女人是从男人身上取一块骨头造出来的。

有句话叫做：江山易改，本性难移。几乎是越年轻的女孩，越对改变男人充满信心。她敢爱上江洋大盗，和他亡命天涯，只因为相信他会为她改变。当别人告诉她她的男朋友风流成性时，她的第一个念头是：那是还没有遇到我之前，自我以后他会变好的。

其实对于改变男人，每个人有不同的看法，并不是每个女人都那么有把握。男人是最不容易改变的动物，有人幸运地遇到一个肯听话、信誓旦旦为了爱她实行戒烟的男人。没有想到，三天以后，又躲到洗手间吞云吐雾了。明明知道太太对他好，还是积习难改，宁愿换工作、换太太，就是不肯"换"自己。年轻和美丽会很快消失，然而，个性永远是个性，以不变应万变地顽固坚持着。难怪世界上有那么多痴情又伤情的女人。

每个人的隐秘都是自己非常珍视的心灵空间，那儿凝聚着人性的真实。人际关系的最佳状态，就是相互对隐秘空间的突破。孤独是隐秘空间缺少交流的结果，谁都希望进入别人的隐秘空间。要想进入别人的隐秘空间并不难，唯一的通行证是真诚与理解。

所以，如果要一切都太平的话，女人还是不要总想着改变男人，就像男人不要想着改变太太的唠叨。各人顺着自己的路走下去，天空永远是蓝的，海洋也永远是蓝的，绝对不会因为男人没有改变，天空就变成其他的颜色，海洋也不再是蓝色的。

宽容一点，理解一点，世界也就美好许多了。

PART 5 第五章

学点家庭心理学，让家庭幸福美满

XUE DIAN
JIA TING XIN LI XUE RANG JIA TING XING FU MEI MAN

家庭对于每个人来说都很重要，家有了保障我们才能够追求梦想与自由。家庭对我们如此重要，家庭的每一个成员,只有互相负责互相担当，才能其乐融融。“家家有本难念的经”，长时间生活在一起难免会有些小摩擦，因此家庭关系的处理要有技巧——真诚，本着一颗爱家人的心，任何的矛盾都会消散无疑。

婚姻中的爱情是相濡以沫

“相濡以沫”出自《庄子》。传说中的那两条在海里相亲相爱的鱼，有一天被海潮抛上了岸。离开了海水的它们，面对的是身体干涸死亡的威胁。它们彼此把自己口中的泡沫吐到对方的身上，来延长对方的生命，希望对方能够多存活一分钟。

婚姻中的男女，平时过的是淡如水的生活，可是一旦遇到风雨，就会濡沫相依。相濡以沫，共渡难关，用来比喻困境中的相依为命，更多的是用来比喻夫妻间的情感状态。世间也许存在惊天泣地的爱情故事，可对于我们来说，蕴涵在日常细节中的爱情体验更真实，也更弥足珍贵。

相濡以沫的爱情，是一种世俗的、相互搀扶的烟火爱情，是一种糅合了柴米油盐酱醋茶的爱情。无论贫穷或富贵、疾病或健康、卑微或显赫、低贱或高贵、失意或成功，都在人生的路上一路搀扶，在平静、关心甚或争吵中走向每一个岁末，走向白发苍苍的暮年。

生活中的婚姻大都如此。当初轰轰烈烈、翻天覆地、不顾一切的爱情最后却趋于平淡，像七仙女和董永一样过着“你挑水来我浇园”的平淡生活。相爱的人相处久了，激情开始减少，感觉开始钝化，更多的是对柴米油盐的关注，注视的眼光也从含情脉脉到偶尔的一瞥和回眸。更多的是过相敬如宾的日子，也只是在夫妻偶尔的吵吵闹闹里，生出几分激情作为平淡婚姻生活的补白。

爱情，合理就好，不要委屈将就，也不要相信绝对完美。其实，只要你知道，彼此有缺点，也是一种淳朴的可爱就够了。爱情，可以浪漫，但不要浪费；可以随时牵手，但不要随便分手。失去的东西总是最好的，消逝的恋情总是刻骨铭心的。珍惜或者放下，都是生命中必经的过程。

两个人相爱的时候一定要真诚，争执的时候一定要沟通，生气的时候一定要冷静，愉快的时候一定要分享，指责的时候一定要谅解。想想看，一个人的生命中，擦肩而过的人千千万万，有几个是知音，有几个是深爱自己的人？与其众里寻他千百度，不如疼惜眼前真情人。

婚姻是因为爱情才走到一起的，但爱情又能伴着婚姻走多久？爱的痕迹，被琐碎的日子一点点掩盖。只有渐渐积累起来的亲情，才能使我们的婚姻成为离幸福最近的东西。爱的付出，情的积累，是个平常且平淡的过程。需要的是两个人在享受爱的同时，用爱心去抵御生活里所有的风雨，用真情去创造岁月里每一个幸福的奇迹。

在芸芸众生中，找一个你爱和爱你的人朝夕相伴，珍惜你和他在一起的点点滴滴，将爱的每一份美好珍藏，在宁静、淡泊、闲适和相互关爱中慢慢变老，是何等惬意的人生啊！

学会谅解，和睦相处

天下所有的男人都喜欢如水一样温柔体贴、缠绵多情的女人。但已婚的男士们大多在抱怨：结婚以后，原本温柔可人的女孩怎么就变成了絮絮叨叨的“管家婆”和“悍妇”？那么，究竟是什么原因让女人丢掉了温柔呢？

有位女性朋友说：“我之所以在恋爱的时候有小鸟依人般的温柔，是因为那时的我衣食无忧，那时的男友对我温存体贴、关怀备至。结婚以后，尤其有了孩子以后，我必须承担起为人妻为人母的责任。每天早晨，早早起来做早餐，然后，将孩子从床上唤醒，忙着给孩子穿衣洗漱，再把孩子送到学校。白天，在单位忙碌了一天之后，和男人一样拖着疲惫的身躯回到家里，却还要继续忙碌，准备晚餐。晚饭后，要在洗衣机转动的轰鸣声中辅导孩子的功课。常常我做家务累弯了腰，丈夫却跷着二郎腿悠闲地看电视，有时饭都凉了，等来的却是丈夫‘有应酬，不回家吃饭了’的电话。面对这样的境遇，劳累了一天的我，还有精力和情调去‘温柔’吗？”

现代的女性不同于以往，每个人都拥有一份自己的职业。在外面忙碌了一天，回到家里还要忙着做家务，这在整天提倡的男女平等中，本身就是一个不平等，但大部分妻子并没有说什么，仍然是做了。然而却有很多做丈夫的不能很好地体谅妻子，反而认为做家务是妻子理所当然的分内事，因此就不太尊重妻子的劳动，经常是这不对那不对，总是挑剔衣服没有洗干净、饭做得不好吃等等。

一对夫妻若想婚姻长久地稳固下去，就要互相体谅，勇于承担家里面的家务与责任。夫妻之间也可以将自己在家中担当的角色互换一下。在漫长的家务劳动中，如果长期把一个人局限在一个固定的角色里，日复一日，年复一年地做同样的事情，就会逐渐产生一种单调乏味的感觉，出现倦怠心情，天长日久，自会厌恶劳动。因此，夫妻二人可以隔一段时间就做一下交换，尝试一下不同的家务劳动。譬如，让丈夫代替妻子，给孩子穿衣、叠被、送学校。这样做不仅会增加新鲜感和乐趣，而且夫妻之间也能够相互沟通，互相体谅。

在家务劳动中，夫妻要学会相互陪伴和慰藉。当爱人辛勤劳动时，不要袖手旁观，视而不见。如丈夫油烟满室地做饭时，妻子却在镜子前尽情地打扮；妻子弯腰拖地时，丈夫坐镇沙发高跷二郎腿，这样会大大挫伤爱人的劳动积极性。即使你平常做得再多，这一瞬间的情景也会烙印在爱人的脑海之中。

两个人应该一起做家务，哪怕是为其打下手或者仅仅是相伴也好，边做边聊，且聊且做，既可快乐地完成家务，冲淡家务的疲劳，又可借机沟通，增进夫妻的感情。丈夫看到妻子蹲着择菜，马上递过一个凳子；妻子看到丈夫炒菜太热了，递上一条毛巾。这样，会使人感到做家务何尝不是一种幸福！

夫妻可以培养共同的兴趣

日本学者国分康孝说过：“恋爱连孩子都会，结婚则非成人不可。对于太幼稚的人来说，结婚是负担。结婚要讲伦理、负责任，要有很强的实际生活能力。”

既然两个人结了婚，成了夫妻，就应该互相理解、互相尊重、互相包容，还要学会分享对方的爱好。爱好不同，如果处理不当就会有摩擦。获得美满婚姻的途径，就是双方相互的尊重和理解，以及共同追求精神生活和情趣的意愿。

罗马是个摄影记者，他的妻子湘湘是一位导游。结婚前两人因工作的关系都时常在外面跑，因此结交了不少朋友，有各自的生活圈子和习惯爱好。罗马酷爱国际象棋，经常与朋友比拼厮杀。而湘湘则有着精湛的舞艺，是舞厅的常客。当夜幕降临，霓虹闪烁的时候，她就会踩着轻快的步伐，伴着舞伴翩翩起舞。

结婚后，小两口仍然保持着单身时代的习惯，维持着各自的生活空间和自由。罗马闲暇时，常抛下娇妻去找朋友们下象棋，湘湘也是常独自一人到舞厅跳舞。刚开始，双方都感觉很惬意，觉得轻松自在，各自都有一片天地，甚至还会有“距离产生美”的感觉。

可是时间一长，矛盾就来了。妻子湘湘有时会希望丈夫罗马能够时常留在家中陪伴自己，可常常不见丈夫的踪影，她的日子开始变得不开心起来。而罗马面对妻子每天打扮得花枝招展地去舞厅的状况，也渐渐有所怨言。夫妻间开始暗藏汹涌。

面对这种情况，明智的湘湘并没有像许多女人那样唠叨、哭泣，而是开始认真分析研究他们夫妻间的问题。

她发现丈夫的国际象棋下得相当有水平，在棋友当中地位颇高。她想丈夫的主要兴趣在象棋上，只要她学会了在他的休闲娱乐中得到乐趣，就不会被丈夫撇下不管的。

于是，湘湘就在家里为罗马准备了棋子棋盘，还求他教自己下棋。一开始，她连国际象棋是什么玩意儿都弄不明白，可通过与丈夫共同切磋，后来居然成了一个比较高明的棋手。这使罗马大为兴奋，两口子经常大战几个回合。另外，湘湘还在家里布置了雅致的棋桌，让罗马时常邀一些朋友来家里下棋。慢慢地，罗马就不再整天跑到外面去，而是守在娇妻身旁，享受围炉下棋之乐。同时，罗马也理解了妻子的用心，向她请教跳舞的诀窍，两人经常相偕光顾舞厅。湘湘的舞伴由原来的不同年龄的男性固定为了一个人即自己的丈夫。从此，两个人更加亲密，感情更加稳定。

夫妻之间就应该这样，相互分享情趣。一对夫妻，若能共享每一件东西——不管是一片面包，还是一个思想，都可以使他们的关系更为亲密。相反，如果夫妻经常把日常谈话的焦点集中在孩子或工作上，就会觉得一点生活情趣也没有，慢慢地就会发现两人可共享的东西越来越少。

在日常生活中，夫妻二人如果一个求知兴趣浓厚，一个比较注重实用兴趣，虽然彼此互不相干，但只要互相尊重理解，也就能相得益彰。前者往往能从后者的支持中得到鼓舞，后者则能从前者的成就中分享欢乐。

虽然兴趣不同，却能获得共同的愉悦。对于爱人的兴趣，在尊重理解的同时，也要积极主动地诱导适应。适应，是指自己主观上向爱人的兴趣靠拢尝试。夫妻之间如果能够主动适应对方的兴趣，其夫妻之间的感情必然会日渐加深。

夫妻吵架有诀窍

俗话说：“夫妻没有经过吵架，就不算是夫妻。”好伴侣，是双方吵架后仍决定在一起。

夫妻二人生活在一起，不吵架那是绝对不可能的。有些家庭，甚至两天一小吵，三天一大吵。生活中的每件事都可能成为吵架的内容和导火索。吵小架有可能在一定程度上增进夫妻的感情，但吵多了就难免会伤感情。吵架更不能成为家常便饭，说吵就吵。吵架也应该掌握技巧，把握好一个“度”。

那么，怎样“学会”吵架呢，怎样利用吵架来达到新的平衡呢？这就需要把握如下四个原则。

1.人无完人

人都会有短于别人的地方。吵架的时候，我们看到的总是对方的不足，所以恶言恶语，伤尽对方的心。认为是为自己出了口气，但是换来的往往都是对方冷酷的心。吵架的时候不能揭对方的短，只能就事论事。不要一吵架就陈芝麻烂谷子都挑出来，一股脑摆出来，然后越说越起劲，直到唾沫飞溅。

2.要学会说“对不起”

在婚姻生活中，夫妻之间难免会发生摩擦。如果你希望自己的婚姻生活能够顺利的话，就必须先学会说“对不起”。听起来简简单单的三个字，真的要你自己说出口，却有千斤重。虽然这三个字我们天天都在用，但在面对自己最亲近的人时，却很难表达出口。所以我们必须先做好自己的心理建设，清楚那就是夫妻吵架无所谓输赢，谁是谁非绝不可能明明白白。

3.不要动不动就说离婚

两口子有矛盾很正常，气头过去了，还说离婚吗？不是有句话是这样说的吗，两口子打架不记仇。两个人在对待同一件事时，肯定有不一致的地方，难免出现磕碰，但是千万不要怀恨在心。特别是吵架之后，更不要记在心里。也不要动不动就离家出走，或者回娘家之类的。

4.吵架不要过夜

许多夫妻在争执时，总有一种错误的心理，那就是一直希望以“理”来说服对方，结果谁也不服谁，反而越说越生气。然而，夫妻之间的争吵，一般都没有什么原则或道理可言，而是许多是非纠缠在一起，不容易分辨清楚，容易发生公说公有理、婆说婆有理的现象。所以，事情过去就算了，不要第二天还耿耿于怀。

吵架，有时候也是一种感情的催化剂，在吵的同时又不会伤害对方，这就是吵架的最高艺术。所以，不但不用回避吵架，反而还要学会吵架，你们在吵吵闹闹中也可以过着幸福的生活。

如何正确处理婆媳关系

不知有多少女人问过丈夫这问题：如果我和你妈妈同时掉进水里，你会先救哪一个？男人通常会有这几种答案：一种说你还年轻，我会先救母亲；一种说我想救母亲，但却把你拽了上来；一种说我当然会先救你了。第一种男人是诚实的，第二种男人是机敏的，第三种男人是虚伪的。但这种机敏和虚伪往往却会讨得女人的开心。她们会觉得自己已经征服了丈夫，从心里得到了这个男人。

作为男人，对于这问题的确有“鱼和熊掌不可兼得”之感。一方面母亲含辛茹苦把自己养育成人，为家庭付出所有，是何等不易！另一方面，妻子与自己患难与共，共同支撑起一个家，又何尝不是倾其所有？如果有一个办法，可以同时救两个人，他一定会把母亲和妻子同时救起；如果可以选择，必须死一个人的话，他宁愿死去的那个人是他自己。

爱需要付出才能更充盈，因为付出一份爱，便得到两份快乐。爱需要分享才更完美，因为分享一份爱，也会得到两份爱。爱是珍惜，绝不是占有。拥有爱的人，是幸福的，因为这种爱是真挚的。占有爱的人，是自私的，因为那种爱是狭隘的。

聪明的女人，必须懂得如何经营家庭，知道如何孝敬父母，学会如何爱自己的丈夫。要明白爱他的母亲，就是爱自己的丈夫，也是爱自己的母亲。因为母亲终究是母亲，无人可以替代。

记住永远别和你的婆婆争“宠”，因为从根本上而言，母子情和夫妻情两者不具有可比性。虽然你们都爱着同一个男人，但这两份爱并不冲突、不矛盾。即便你是他的妻子、知己、朋友、伙伴，却永远无法成为他的长辈和他敬仰的偶像。爱是流动的，在了解爱的真谛的人心里；爱是静止的，在珍惜人间真爱的人心里。如若要争，那争的人一定不会是最后的赢家。因为在整场争斗中，也不会有真正的赢家。

做媳妇的，总是好胜，他们总想知道在老公心里，是他妈重要还是他老婆重要，所以总会不停地让老公在她和他妈之间做选择。其实这样的女人蛮傻的，因为从你进入这户人家的那一刻起，你就是最大的胜利者了。你的婆婆，把她最宝贝的儿子交给你，就已经是把最好的礼物送给你了。

离婚的原因有千万种，婆媳不和、儿子夹在中间忍受不了而决定放弃婚姻的，也是其中一种。想和一个有责任感的男人过一辈子，那就先学会爱上这个男人的母亲吧！要知道，你们都是他生命中最重要的女人。与其去争夺他给他妈妈的那点爱，还不如你和他一起给婆婆多一点爱。这样你收获到的不仅是你老公的疼爱，还有公公婆婆的喜爱，更有小姑对你的讨好，何乐而不为？

XUE DIAN XIN LI XUE GONG ZUO GENG SHUN LI

学点心理学，工作更顺利

中篇

PART 1 第一章

学点求职心理学，轻松找份好工作

XUE DIAN

QIU ZHI XIN LI XUE QING SONG ZHAO FEN HAO GONG ZUO

求职实际上就是心理之战，面试官通常用问答的形式来获取信息，确认对方是否是自己想要的人才，这样当然一些心理素质较好的人容易被接受。大多成功人士都是拥有顽强的心理素质，他们勇敢、自信、勇于展现自己的风采。只有将自己的才能展示出来，才有可能成功，而不良心理素质必将失败。

面试要学会换位思考

不管你是大学刚毕业需要找第一份工作，还是工作了几年想要换个新的工作环境，你都不可避免地要去面试，接受主考官的“责难”。有很多人遇到这样的情况都很紧张，不知道自己该做什么样的准备。其实中国有句古话给出了这个问题的答案：“知己知彼，方能百战不殆。”只有了解了那些主管招聘的人力资源经理们的想法，你才能有针对性地做好自己的准备。

一般来说面试的时间掌握在十分钟内，面试官们在这十分钟内想要的就是通过你简短的谈话得到他们需要的信息，他们的时间也是很珍贵的，他们办事也需要高效率。

有些公司有好几轮面试，每一轮面试都会淘汰掉一些人，因此他们的每一次面试都具有一定的目的性。他们会问一些问题，聊一些家常，从偶尔的聊天中你的回答来看你这个人的素质和修养是不是适合他们的职位。有时候他们还会设计出一些陷阱来试探你的反应，从而看出你的真正品质如何。所以你在应聘之前要好好琢磨一下。

招聘者的面试只想通过几个问题了解你是否胜任他们的工作，所以你的谈话应该是要有目的性的，而且在谈话的过程中你应该注意考官的细节性动作。

我们要学会换位思考，想到别人所想才能够做得让别人满意，才可以把话说到别人的心里面去。所以，我们不仅是在应聘的时候要牢记这个准则，在我们生活中要争吵的时候、我们工作中需要向别人推销产品的时候，也要学会一种更深层次的换位思考，常常站在别人的角度想事情，并逐渐养成一种习惯。

索尼公司的便携式随身听曾被誉为20世纪最成功的消费品发明之一，它的销售量达到了创世纪的历史纪录。索尼公司的副总裁高条静雄先生，讲述了研发过程中一些鲜为人知的事情。为什么当初随身听被设计成磁带盒的大小呢？其实原因很简单，就是因为这样的随身听可以放在衬衣口袋里，满足出行者的消费需求。这个产品之所以能够成功，就是因为其设计者站在消费者的角度，进行了一次简单的换位思考而已。

企业想要长久地发展，就要使顾客满意。为什么提倡顾客就是上帝呢？就是这个原因。因此，如果生产企业研发出来的产品不符合消费者的需求，那么它的产品就不会有人买。以前看过一个玩具公司的发展历程，它以前发明出来的玩具总是没有销路，后来该公司老总居然把一个上小学的小女孩儿请到公司当负责人，只是负责看那些玩具她是不是喜欢，这么做后不久他们的产品销路就打开了。所以公司在做好自己的内部管理外，更重要的就是站在消费者的角度来考虑了。

不管在什么时候，我们要想做好事情，想要达到别人满意的程度，我们就得知道别人的心思。你没有办法改变别人的想法，那么，我们能做的就只有去改变自己来符合别人的想法了。常常换位思考一下，养成习惯之后你在应聘的时候就会轻松很多，你想要的职位也就容易得到了。

决定命运的十分钟

我们在应聘的过程中要明白的一件事情就是，每一个有面试资格的人都是经过挑选以后剩下的。每一个人都是很优秀的，不要以为你比别人多什么。每个人在面试的时候只有十分钟的时间。你要切记，用最短的时间讲明白你的意思，千万不能拖拖拉拉，即使你的条件非常优秀。

经常听到一些大学生抱怨说面试时间根本就不够，自己还有好多的优点没有展示，还有好多关于工作的计划没有提出来，而面试官一点情面也不给就说时间到了，根本没有办法发挥出来。

但是让我们听听下面这位大公司的人力资源部经理是怎么说的。他招聘人才的时间是五分钟，加上让应聘者走入他的办公室、入座、非正式简单对话的时间五分钟，总共不会超过十分钟。

也就是说，公司决定是否录用一个人的时间，只有区区十分钟。所有的成功、失败都浓缩在这十分钟里。

这位经理有一次和朋友聊天时说出了这件事，朋友觉得这样既不公平，也不负责任。可是他却说："十分钟最公平、最负责任。"

对此，他是这样解释的：70%以上的应聘者走入他的办公室不会首先打招呼说声"你好"，50%以上的应聘者衣冠不整洁，30%的应聘者神情紧张，20%的应聘者目光四处游移。这还有什么好说的呢？让他们走吧，每个人只有十分钟，而那些人的前五分钟就已经失败了。而且，在面试时候的问题应聘者在短短几分钟内肯定能解决。有些人极力想把一切都展示出来却又没有那种表达能力，拖拉没有效率，当然时间会不够。

朋友听了这个心悦诚服，这些应聘者的确已经失败了。我们喜欢相信“日久见人心”和“细水长流”。但在现代社会以分秒计算的工作时间里，没有人会给你更多的时间让你表现自己。

因此每个人都是这样的优秀，怎么才能在这样的十分钟内让人记得你呢？一般来说那些创新的人更容易得到大家的认可。纵然你是千里马，如果在马群中没有任何办法引起伯乐的注意，往往也只落得“祇辱于奴隶人之手，骈死于槽枥之间，不以千里称也”的结局。一个正确的竞争方法，不只是能够让你更快更好地得到一份满意的工作，找到施展自己能力和才华的空间，更决定着你的特长能否尽早地得到最大限度的发挥。效率是每项工作的评判标准。

明茨伯格说：现代企业90%的决断在十分钟内完成。

富兰克林说：忽视当前一刹那的人，等于虚掷了他所有的一切。

李德斯说：在高科技竞争下的时间管理最重要的特点之一，是需要有时间观，即“时间的紧迫感”。

不用再想了，你的十几年苦读的结果就在十分钟内决定。不要觉得不公，不要抱怨时间太少，只要你记着：你只有十分钟！

先有千里马，后有伯乐

俗话说“是金子总要发光的”，很多不得志的人总是会借由这样的安慰，使他们心安理得。殊不知，是金子也要积极地去擦亮自己，让自己及时发光，否则等你发光的时候没有欣赏的人又有什么用呢！在需要发光的时候，就一定不要被沙子给掩盖了。

不管是在前面接受“审判”的应聘者，还是坐在后面的主考官们，其实大家都是凡胎肉眼，他们都只是用平凡的五官去感觉你的优点，在短短的时间内、在众多的应聘者中，没有哪个考官会专门为了你来一次潜力挖掘。你的优点要及时地摆出来，如果你遮遮掩掩，想要等待别人去发现是很难的。

世界上优秀的人物很多，在你的身边就有很多。你的竞争者们也许并不比你差，不要以为自己的优点会被发现，这么想的话肯定会被比下去的。所以，主动擦亮自己，让自己发出光芒给别人看见。

英国大科学家牛顿并不善于传授学问，他讲授自己发现的微积分理论时，学生们都表示不能理解。但是，牛顿在解决疑难问题上的能力却远远地超出了常人。有一次，牛顿花大价钱买来一个棱镜，并测出白光可以分解为其他五颜六色的光。起初，他仅仅是把这个发现作为个人消遣，并不想把所有的观察或结果公开。到了后来，经过他的朋友哈雷的多次劝说，他才同意发表个人的手稿，这才使得具有划时代意义的巨著《自然哲学的数学原理》出版。

牛顿的伟大是我们众所周知的，但是如果他没有发表自己的观点，我们谁又知道他呢！在我们作了贡献的时候，一定要让大家看到，不要老以为“俯首甘为孺子牛”是生存之道，如果你太默默无闻的话即使有才也会被埋没。

这足以见证，优秀的人是不少的，你只是拥有了足够的能力和高尚的品质还是不够的，所谓“千里马常有，而伯乐不常有”。只要你适时地展示你那千里马的优秀品质，每个人都可以见识到你的优秀，就不怕没有伯乐出现。我们不能坐等伯乐来发现我们，而是要主动秀自己从而找到伯乐。

那么从现在开始，求职的我们，或在事业上已经发展的我们，再也不要想着什么“酒香不怕巷子深”的古语，要大胆地表达自我，推销自我，“是金子总会发光的”这样的观点在商业社会是行不通的。

当然我们说展示自己的优点并不是说让我们炫耀，炫耀只会带来反面的作用。在谈笑中、在闲聊中、在不经意间把自己给推销出去，让主管知道你的成绩和能力，要善于做这样的事情。这样，你就能成为职场的高手。

自信是职场的通行证

自信的人才有激情去做事，有了自信就是成功的一半。你只有不多的求职机会，面对这样残酷的现实，如果你紧张了，没有信心了，你还能成功吗?

要坚信自己可以做得让大家满意，机会都是自己创造的，这样的机会决定了自己的未来，那么就只有好好地去把握，只有更好地去利用它！相信自己，对自己说："我肯定会做好的！"

自信的人不论何时何地都是阳光灿烂的样子，什么都敢于尝试，敢于想象，能大胆地把自己的想法表现出来。他们不怕失败，不怕别人的评价。与自信相对的当然就是自卑。我们可以从人的身上看出两种人的区别，因为人的行为可以反映个性。自卑的人往往不敢发表自己的言行，不敢尝试新的东西，也不可能独当一面，他们的内心一般是比较脆弱的。自卑的人也看不到自己的长处，经常态度消极。

南京的一幢商业大厦开张时，有一个衣着得体、相貌英俊的小伙子来应聘营销经理。本来，人事经理对这个帅哥的印象还是比较满意的，但在后来面试时发现他说话时习惯带一些小动作，还不时地会脸红，给人一种阴柔有余而阳刚不足的感觉，缺乏一个成熟男人果敢与自信的气质。据此，他们认为此人不适合做营销工作，后来的实践证明果然如此。这个帅哥不久后在另一家公司应聘上职位，但由于他不善于与人沟通，缺乏自信和做决定的主见，根本不能独当一面，那家公司试用一段时间后只好请他走人了。

从这可以看出来，没有自信的人在这样一个竞争激烈的环境下是很难生存的。喜剧大师卓别林说：“人必须相信自己，这是成功的秘诀。”自信也是一种能力，不要等着别人来夸奖你，发现自己的优点并肯定自己，这也是一种美丽。

也许有些人觉得性格的内向、外向是天生的，那些天生外向之人占有很大的优势。也许是有这样的情况，但是要相信一点，性格是可以改变的，自信是可以培养的。

看过《千手观音》的人都知道那些舞者都是残疾人，她们都可以在听不到音乐，不能用嘴交流的情况下练出那么让人感动，那么美轮美奂的舞蹈，作为健全的我们还能够没有自信吗?

经过心理学家的长期试验，结合生理学的知识，他们认为人的潜力是无限的，连爱因斯坦的头脑也就比常人多发掘了那么一点点而已。只要努力每个人都是可以改变自己的不足的，只要你下定决心来做一个自信的人，掌握自己的人生。

敢于做第一个吃螃蟹的人

中国有句古话叫“枪打出头鸟”，原意是说在打鸟的时候，为了一枪中的，一般会选择打带头的或者显得比较突出的鸟，意在劝诫人们不要太出众，否则容易成为被打击的对象。我们当中很多人的确有这样的心理，连孔子也劝我们要中庸。但是现在看来不做出头鸟的做法好像不可取了。

有一位中国人，被美国《财富》杂志多次评选为中国首富，被《时代》周刊誉为中国最有成就的民营企业家，在法国里昂国际广场和巴黎国际机场等处有他的大幅巨照——一位中年男士靠着一辆法拉利红色跑车，背景是在天安门广场上。在照片的下面注明了一行字：来自红色世界的资本主义挑战者。他就是香港华达集团的董事长，他的名字是——李晓华。

李晓华的成功充满了传奇色彩，他之所以能够成功，主要是得益于他敏锐的头脑和快速、领先把握商机的能力。

当年，李晓华只身南下广州去寻觅商机时，在广交会上对一款美式冷饮样机十分感兴趣，认为其中有钱可赚。于是，他把身上所有的三千多块钱都拿了出来，把这台本来是作为样品展览的冷饮机鼓捣到北京。可以说，这件事成为他人生的一个转折点。

后来，对于这个让他掘到人生第一桶金的经历他描述道：“在夏天最热之时，我带着这台冷饮机来到北戴河海滩上，一杯饮料两毛钱，游客们要排队才能买到。我一个夏天就赚了十多万元。那时我就想，今年冷饮这么好卖，到明年夏天就会有上百台冷饮机来抢生意，肯定再没有那么大的利润了。尽管其他人不认同我的看法，但我还是迅速放弃冷饮，转而开始放映录像。”

后来的情况验证了李晓华的种种判断。冷饮生意在第二年一落千丈，海滨场上遍地都是冷饮机，而他的录像放映厅却是独此一家，门票从一块涨到十块，顾客还是络绎不绝。卖冷饮、放录像以及后来又做过的其他小生意，使李晓华很快积累到百万元的资产。

李晓华的传奇故事被人研究不停。他是一个不怕吃苦、求上进的人，这些都是他的珍贵品质，但是其中最重要的就是他总敢于做第一个，总是在别人还没有占领市场的情况下先发现了挣钱的门道。后来他把自己的资金全用来做大了，从刚刚起步时的贸易买卖到经营房地产，然后又涉足高新技术产品。

敢做吃螃蟹的第一人，当还没有人吃的时候你才能抓紧时间好好占一个空缺。等到大家看见你成功的时候，都会追随着你来，等到追随者多了之后，想要得到一点利润就不好办了。

所以，很多有志之人都明白一点，要学会创新，找到新的理念让别人来追随自己，而不是和一堆人一起去追着别人的尾巴转。要做到如此，这就需要强有力的洞察能力了。

所以，不管我们是在受聘还是在自己创造自己的事业，都要有正确的心理。不要怕做头鸟被打，做不了头鸟你才没有翻身的机会。通过实际的调查，规划好自己的生涯，靠我们自己的勤奋和努力来做一只永远翱翔于蓝天的出头鸟。

善于发扬自己的长处

你对一个新认识的人是怎么看他的好坏呢？当然是列举出他的优点和缺点，然后看哪个多了。同样的道理，在评价我们每个人的时候也一样，他看到你的优点越多，你在他的心目中就越优秀。你如果把你的缺点都展示在了对方的面前，我敢打赌说你的求职就结束了。

我们要用正确的心态去看待自己，要走向成功就要展示自己的优势，做任何一件事情的时候都是这样，自己擅长的才更容易成功。

那么，我们怎么来分析自己呢？世界上没有一模一样的两片树叶，同样，也没有完全相同的两个人。每个人都有自己的特点，善于利用这些特点，让它变成你的优点，让别人看到你与别人的不一样，以吸引别人的眼球。

二十多年前，当梅艳芳刚刚崭露头角时，以一张稚嫩纯真的脸，一头飘逸的秀发，以及她低沉的嗓音和自己所特有的舞台风格，一举夺得香港新秀大赛的桂冠。那时候，有人说她是徐小凤第二，也有人嫌她太丑。但是在20世纪八九十年代，梅艳芳已红遍了香港乃至东南亚，并成为人们眼中的“天皇巨星”，人们尊称她为影后和圈内的“大姐大”。随后，她起初的个人身世以及后来的成名经历在香港演艺界被称为一代传奇。

可以说，梅艳芳长得并不是十分出众，但她自童年起就以舞台卖艺为生的经历，让她自有一番独特的气质，并且她十分清楚怎么样把自己的优点突现出来。因此，她在舞台上俗艳变幻，百貌俱占，得到了“百变女王”的称号。

在肯尼迪竞选美国总统的过程中，他的年轻和不够成熟的外貌成为一项受人攻击的不利因素。当时的众议院里有几个民主党人，经常攻击肯尼迪是个乳臭未干的孩子，发言人萨姆·雷伯恩就是其中之一。对于这些攻击，肯尼迪付之一笑：“可能萨姆·雷伯恩认为我还年轻。但对于一位年逾78岁的人而言，他看到的大部分人都是很年轻的。”另有一次，他的对手哈里·杜鲁门在演讲时说：“我们需要的是一个极其成熟的人。”这位前总统的话锋公开针对肯尼迪。肯尼迪的回应机智、敏捷而又不失逻辑，他讲道：“如果年龄必须要作为选择领袖的标准，那么美国将放弃对44岁以下所有人的信任，而这就意味着我们要阻止杰斐逊起草独立宣言、华盛顿指挥独立战争、麦迪逊发起宪法的起草以及哥伦布发现新大陆。”

他一句话反击得别人哑口无言，让自己的不足点一下子就显得没有什么了。只有明白自己有短处，承认有一些事你做不来，才能正确地去避短。不要认为不足点完全的不能提，要认清自己，就要全面分析自己。

我们还可以把自己的问题转化成自己的优点，事情总是有两面的，就像一个人不喜欢说话，对销售部门来说绝对是一个缺点，但是对一些保密性很强的部门来说这也不失为一个好处。所以要认识到你的这些弱势，反过来想想，这会不会又是另外一种优势呢？

PART 2 第二章

学点职场心理学，做个职场达人

XUE DIAN
ZHI CHANG XIN LI XUE ZUO GE ZHI CHANG DA REN

身处职场，与不同的人打交道的时候你会发现，有些人极度完美主义，也有些人喜欢向别人抱怨，悲观压抑。职场之中的确有很多需要注意的地方，尤其是和同事、上司的关系，关系处理的好坏直接影响了前途命运。研究心理学，能够帮助你看清对方的心思，为自己打造平稳的职场升职之路。

和同事的聊天规则

在工作中与同事们交往离不开语言，但是你会不会说话呢？俗话说："一句话说得让人跳，一句话说得让人笑。"同样的目的，表达方式不同，结果也大不一样。不当的话语可能会使你引火烧身。那么，在办公室说话时要注意哪些事项呢？

1.恰当的恭维，尽量不和别人唱反调

每一个人都喜欢听别人的恭维，不管是农夫还是将军，低贱的下人还是高高在上的国王。无论是谁，面对别人的笑脸和夸奖时，都不要拉下脸去。恰当的恭维，在改善他人心情的同时，也可以提高自己在办公室中的人气，何乐而不为呢？尽量不要太彰显自己的个性，和领导唱反调。多恭维别人，说别人的好话，除了在人面前，在人后也要说一些。

2.不要在办公室里夸夸其谈、自吹自擂

如果自己的专业技术很过硬，如果你是办公室里的红人，如果老板非常赏识你，难道这些就能够成为你炫耀的资本了吗？即使再有能耐，在职场生涯中也应该小心谨慎。强中自有强中手，倘若哪天来了个更加能干的员工，那你一定会马上成为别人的笑柄。老板一般也不喜欢口无遮拦的人，而且这种人还容易引起同事的反感。

3.切忌把与人交谈当成辩论比赛

在办公室里与人相处要友善，说话态度要和气，要让人觉得有亲切感。即使是有了一定的职位级别，也不能用命令的口吻与别人说话。虽然有时候大家的意见不能够统一，但是有意见时可以保留。对于那些原则性并不很强的问题，有什么必要争得你死我活呢？的确，有些人的口才很好，如果你要发挥自己的辩才的话，为何不用在与客户的谈判上？如果一味地好辩逞强，往往会让同事们敬而远之。久而久之，你就成了不受欢迎的人。

4.不要总是人云亦云

老板赏识那些有头脑和有主见的职员。如果你经常只是别人说什么你也跟着说什么的话，那么你在办公室里就很容易被忽视了，你在办公室里的地位也自然不会很高了。有自己的想法，不管你在公司的职位如何，你都应该发出自己的声音，应该敢于说出自己的想法。

5.别把办公室当成互诉心事的场所

我们身边总有这样一些人，他们喜欢向别人倾吐苦水。虽然这样的交谈能够很快拉近人与人之间的距离，使你们之间很快变得友善、亲切起来，但心理学家调查研究后发现，事实上只有1%的人能够严守秘密。因此自己的生活或工作有了问题，应该尽量避免在工作的场所里议论，不妨在下班以后找几个知心朋友再找个地方好好聊。

办公室处事须知

上班族每天在办公室的时间，几乎比在家的时间还要多。同事之间每天朝夕相处，在一起的时间多了，自然也会产生很多问题、很多摩擦。所以一定要处理好这些方面的事，不该做的事情就不要做，以免节外生枝，影响同事之间的关系。有时越是小事越容易出问题。那么，在办公室里应该注意哪些处事“规则”呢？

1.要学会利益共享

同事之间有些利益要共享，没人喜欢吃独食的人。比如，单位里发物品、领奖金等，你先知道了，或者已经领了，别一声不响地坐在那里，像没事人似的，不向大家通报；有些可以代领的东西，也最好帮人领一下。否则，几次下来，别人自然会有想法，觉得你太不合群，缺乏集体意识和协作精神。一旦他们认为你是一个吃独食儿的人，那么以后他们也不会和你一起分享利益。如此下去，彼此间的关系就会疏远了。

2.做好人要掌握尺度

有些人很“仗义”，经常分担别人的工作。其实无论多么要好的同事，背着领导互相分担或帮助别人工作对你都是不利的。各有各的职责分工，它是一种有序的制度。如果你主动帮忙，别人会以为你想抢功劳。一旦被领导知道，说不定还会惩罚你。互相帮助、鼓励是件好事，但应当避免多余的帮助与随意的插手。

3.学会感谢别人

真正聪明的人，会把别人对自己的恩德随时记在心上。无论谁的帮助，也无论是否真正起到作用、起到多大的作用，我们都应该常记心头，适时适度地向他人表示感谢，知恩图报。而但自己对别人的恩惠就不要总是放在心上，挂在嘴边，而要善于忘记。在自己帮助过别人后，切不可显露出一种有恩于人的姿态，以免使对方觉得难堪。毕竟人与人相处，总会有需要互相帮助的地方。而且你忘记了你对别人的好处，不等于没有这回事，别人也不会忘记，他反而还会因此更加感激你。

4.同事之间，不要有过多的金钱往来

对和同事金钱上的往来要谨慎。物质利益的问题往往会成为影响人际关系的一大障碍。不过同事之间有些物质往来是难免的，如借钱借物或馈赠礼品。如果遇上这种情况切忌马虎，每一项都应记得清楚明白。即使是小的款项，也应记在备忘录上，以提醒自己及时归还，切勿遗忘，以免引起误会。

有些人专业能力很强，但工作却难有大的进展，原因就是处理不好办公室的关系。一些细枝末节的小事可能就会对自己产生不利的影响，所以，还是多注意一些办公室处事“规则”吧！

善于分析对方心理

一位哲学家曾说过：办公室里有四个人，他们的名字分别是每个人、某个人、其他人、没有人。现在有件很重要的工作要“每个人”去做，但“每个人”以为“某个人”一定会去做，虽然“每个人”都可以做得好，但到最后却是“没有人”去做这件工作。事情的结局是：“没有人”确认过“其他人”有没有做这件事，而造成“每个人”都责怪“某个人”。“某个人”后来很生气，因为那原本是“每个人”的工作，“每个人”想“其他人”会去做，而“没有人”知道其实“每个人”都没有去做。

这段故事看起来像绕口令，但是其说明的道理却显而易见。在工作中，明明只是举手之劳，人们却以“其他人”会做我何必做，或“其他人”都不做我为何要做的心态处之，结果是“没有人”做这件事。这种不负责任的行为是很不好的，也是很容易被人忽略的。在工作上要分清职责，掌握分寸，不争权夺利，不相互推诿责任，不相互无原则地指责。做到“只补台不拆台，背后决不搞小动作”，这些都是对一个身在职场的人的基本要求，也是尊重同事的表现。

在与同事相处的时候，要善于分析、判断、识别同事的心理特征，从而根据同事的个性习惯增强自己的应变能力。识别同事心理的基本方法就是听其言、观其行，其中以观其行为主。

思想指导着一个人的行动，言行一般都会反映他的心理活动，一个人心里想什么往往都会在言行上体现出来。然而许多人的言行并不一致，我们很容易被他说的话所欺骗。因此听其言，还要观其行。一般而论，刚直的人心里是什么想的，就按照想的去干。这种人非常直率，听其言观其行就知道对方的为人了。可是另外有些人，所说的和所做的却是两码事。面对这种人，就要动动脑筋了，多考虑考虑，揣摩对方的真实意图，不要轻易被他表现出来的表面现象所迷惑。

只有对同事的性格有了一定的了解，才能明确掌握一个人的心理，不会发生误会对方的事情。了解了同事的性格，即使他对自己爱理不理，你也能在不动声色之中掌握事情的发展。如果你们之间发生了矛盾，你只要按照其性格特点与他进行交涉，就可以很快解决问题。因为你知道他最在乎什么，所以很容易对症下药。

职场人际交往小技巧

在办公室里有着怎样的工作状态、工作心情，将直接影响到你的工作业绩。那些在办公室里有着良好人际关系的人，工作起来就会得心应手，总是会有同事及时帮助他们，而且他们整天心情愉悦。这种快乐的心情也可以带到家里，伴随着自己的生活。而那些不太注重办公室里人际交往的“孤家寡人”，经常有着糟糕的情绪，本来能做的工作也给做砸了，甚至将这种不良情绪带到自己的生活之中……

与人共事是一门艺术，更是一种办公室智慧。这并不是要你拍马奉迎，或是玩弄权力游戏，而是了解人性的本质，洞察别人的心理，然后根据别人的心理做出正确的选择。那么，怎样才能成为办公室里最受欢迎的人呢？不妨参考以下几个技巧：

1.经常请教老同事

那些比你先来的同事，一定积累了比你更多的经验，有机会时不妨多请教他们，聆听他们的见解，从他们的成败得失里寻找可以借鉴的地方。这样不仅可以帮助我们少走弯路，更会让他们感到我们对他们的尊重。尤其是那些资历比你老，但在其他方面比你弱一些的同事，会有更多的感动；而那些能力强的同事，则会认为你善于进取，便会乐于关照并提携你。

2.主动帮助新同事

新同事对工作和环境都会感到陌生，一般心有怯意，却又不好意思向人请教。这时，我们最好主动去关心帮助他们，在他们最需要得到帮助之时，伸出援助之手，这往往会让他们打心眼里深深地感激你，并且会在今后的工作中更主动地配合和帮助你。切不可对新同事不理不睬、冷眼相对，因为他们以后可能要和你长期共事。

3.关心异性同事

两性各有各的长处，比如男性较有主意，更能承受艰苦劳累的工作，也能更理性地分析并解决问题；而女性则比较有耐心，做事细心有条理，善于安抚人心。尽管只是同事关系，并不是在家里，但每个人都渴望得到同事们的关心和理解。所以对异性同事多些关心和帮助，更能赢得对方的信任。对方对你所给予的关心与支持会打心眼里感激，将你视为可以信赖的好同事。

4.不要太计较

有些人过于计较自己的利益，时间长了难免惹起同事们的反感。而且他们总在有意或无意之中伤害同事，最后使自己变得孤立。事实上，太计较实质上未必能带给你多少好处，反而弄得你身心疲惫，失去了良好的人际关系，最终得不偿失。

5.拒绝别人要讲技巧

拒绝别人，一旦处理不好就可能伤害到同事之间的感情。因为人人都有自尊心，想获得对方的重视，而且不希望对方失望，就需要你在拒绝同事的时候讲究技巧。不仅要成功拒绝同事的要求，还要不伤害同事的自尊，更不能损害和同事的关系。

总之，在工作当中，要做一个受人欢迎的合作者，明智者就必须懂得同事的种种心理，然后根据他们的心理特点行事。掌握分寸，分清自己的职责。既不要推诿责任，也不要一味应承，这样做事才能有里有面，有利于自己在办公室中的工作和生活。

不要让抱怨成为一种习惯

每个人都可能在工作中遇到挫折，每个人都有可能陷入职业发展的低谷，需要发发牢骚、排解排解生活的压力。于是，抱怨成了蔓延在社会中的一种情绪。这听起来似乎无可厚非，可问题是，一旦你养成抱怨的习惯，内心形成抱怨的思维模式，就会使我们丧失工作的责任感和使命感，忽略工作的完成和自身的成长，忽略工作过程中的快乐和幸福。其实，我们不妨问自己，能不能不抱怨？我们又从抱怨中能得到什么？

1.抱怨公司

对于员工来说，重要的不是公司，也不是职位，而是停止抱怨，提升个人能力，拿出令人信服的业绩。在事业的起始阶段，往往都是工作选择你，而不是你选择工作。同样，人活着不是因为工作需要人，而是人需要工作。一个人在职场上打拼，要想成就一番事业，除了要有能力外，还要有涵养，不能动不动就发牢骚。要知道，抱怨公司，只会使自己偏离公司的发展方向，也无法提升自己的价值，最终只会被公司抛弃。

2.抱怨同事

指责和抱怨不会给你的工作带来任何的好处，反而暴露了你的幼稚和无能。况且直白的批评会让他人觉得丢了脸面，自尊心受到了侮辱，最终造成双方不欢而散、难以收拾的局面。如果你能将心比心，多多考虑同事的利益和需求，那么你一定能在职场中左右逢源、游刃有余、无往而不胜。否则，你很可能会成为一个到处树敌不受欢迎的人。

3.抱怨薪水

人总是对自己抱有很高的期望值，认为自己应该得到重用，应该得到丰厚的报酬。相比发展空间、工作意义、企业氛围、个人能力的锻炼等，许多人更看重的是工资的高低，工资似乎成了他们衡量一切的标准。事实上，抱怨不但丝毫不能解决问题，反而会让人失去更高的目标和更强劲的工作动力，在抱怨中浑浑噩噩地度过一生。

与其抱怨别人，不如改变自己。不少人在平时的工作中常常推责于别人，却很少从自己身上找原因。其实，别人的存在与做法一定有其合理性，要把抱怨化作建设性的意见。抱怨的人其实心中早已有了对某些事情的看法或解决方法，可能是因为不被重视或自身不够主动，所以只会抱怨。如果把自己的想法从公司的角度加以考虑，并且以领导能够接受的方式主动提出，或者积极实施，应该是会非常欢迎的。

奥地利小说家茨威格说过："机会看见抱怨者就会远远地避开。"喜欢抱怨的人在这个遵循强者法则的世界中，是没有立足之地的。另外，抱怨会限制你的思维，使你的视野变得狭窄，把自己局限在抱怨本身上，而不能努力地去适应变化、解决问题。

所以，在面对不利的环境或者身处困境的时候，我们应当把困境当作对自己的一种磨砺。与其牢骚抱怨，不如多问自己：在这个不尽如人意的环境里，我能做些什么？强者靠自己，弱者靠同情，怨天尤人实在于事无补。少抱怨，多行动，才是应对困境的正确方法。

自古英雄出磨难

挫折是一块放在前进路上的石头，对于弱者来说是一块绊脚石，让他跌个跟头，然后止步不前；而对于强者来说它却是块垫脚石，能使人站得更高，看得更远。

挫折又是一个不厚道的朋友，它时时刻刻都有可能与你翻脸。但是无论怎样，这个朋友会陪伴你一生。当你接纳了它并勇敢地战胜了它的时候，你会惊奇地发现，原来挫折对你还是挺忠诚的。

“自古雄才多磨难，从来纨绔少伟男。”一个人要想获得成功，成就一番伟业，就必须经历千辛万苦，战胜困难和挫折，在逆境中摸爬滚打，从而磨炼出坚强的意志，不屈的精神和顽强的毅力。

相传骆驼和耕牛原本都是生活在草原上的野生动物，它们饿了就可以吃脚下茂盛的青草，渴了就喝身旁清澈的河水，日子过得算是清闲、滋润。

然而天有不测风云，突然有一天，草原刮起了从未有过的沙尘暴，狂风怒号，漫天黄沙飞舞，不见天日。大风过后，一切都平静下来。但那片水草丰厚的大草原却变成了一片没有边际的大沙漠。面对突然的巨变，骆驼和耕牛都茫然不知所措，它们已经三天三夜没有吃草喝水了，所以想活下去就必须得寻找有草有水的地方。

就在这时，来了一个农夫，对骆驼和耕牛说，亲爱的朋友，我可以给你提供吃的喝的，条件是你们要做我的奴隶，给我耕田拉磨。

耕牛说："我答应你，耕田拉磨也比饿死的好。"

"不，我不要做奴隶，我要继续去寻找有一个水有草的地方。"骆驼说。

于是骆驼独自上路了。它在无边的大沙漠里独自跋涉着。有时一连好几天都找不到一点吃的，几天都喝不上一口水。

但它没有丝毫的动摇，依旧忍住饥饿，奋力前行。终于它找到一个水草丰满的大草原，重新过上了自由快乐的生活。

后来，人们把骆驼喻为勇于与挫折抗争的"沙漠之舟"。

而耕牛却恰恰相反，它尽管毫不费力就过上了有吃有喝的生活，但却终身成为人类的奴隶，为人类所驱使，没有自由与快乐，最后还逃脱不了被人类宰杀的命运。

伟大的人只有经历磨难与熔炼，才会激发自身的潜力，使视野更加开阔，使灵魂得到升华，这样才能走向成功。一个可以吃常人不能吃的苦的人，必然可以做常人所不能做的事。

"没有永远的幸运，也没有永远的不幸。"人在职场、工作中难免遇到不顺，这都很正常的，关键是你能否发现其中的奥秘，能否把每一个困难和挫折，都当作是上天赐予我们的宝贵机会。当你被绊倒时，不要伤心，不必难过，从容地爬起来，拍掉身上的灰尘，继续朝着你的人生目标前进！

用忠诚打动你的老板

与领导相处是一件很难的事。你越是对领导小心提防、用心巴结，领导可能对你越不信任。他们不但不让你去做重要的工作，不给你提升的机会，甚至还想方设法找你的麻烦。所谓“投之以桃，报之以李”，当下属的首先要对领导忠诚一些，领导才会信任你，才会把重要的任务交给你。

心理专家指出，作为员工，如下三种行为是不受领导者喜欢的：

1.公私不分

通常情况下，员工的一言一行都是领导者对其施以评价的主要依据。如果一名员工在上班时间打私人电话，处理个人事务，那么领导就会认为这样的员工不够忠诚，尤其在公司里更是如此。因为公司的任何投入都要紧紧围绕产出进行，公司想取得更大的效益，就必须提高员工的工作效率。而一些员工在上班时间处理与工作无关的事，这毫无疑问是在浪费公司的资源与时间。

曾有一位领导这样评价一位当着他的面打私人电话的员工说：“我认为，他可能常常这样做，不然他怎么连我都不防？也许他根本就没有意识到这已经违反了职业道德。”

2.脚踏两只船

某家公司的总经理说：“如果我发现我的下属在做兼职，我一定不会重用他，可能还会辞退他。因为我觉得这是对公司以及我本人的不忠诚。一心绝不可以二用，公司需要一心一意做事的人。”

实际上，没有哪一个领导会喜欢自己的员工脚踏两只船，一心两用。许多公司都有规定员工不可以做兼职，而明知不可以却还要斗胆去做的员工明显是在向领导者示威，在和公司做对，被领导发现后其后果可想而知。即使是没有占用工作时间，领导也会认为他是在利用上班时间做自己的兼职。所以，不要以为领导是傻瓜，他们远没有你想象中的那么好糊弄。

3.经常请假

作为一个领导者是准许员工请假的，因为作为自然人，生病、受伤谁也避免不了；作为社会的人，难免有些事情要办理。在“在商言商”的原则下，公司领导并不喜欢自己的员工经常请假，这种心态是无可厚非的。无论是谁当了领导，都希望自己的员工能够时刻坚守在自己的岗位上。

时代在进步，社会在发展，领导者本身也在发生着改变。特别是企业领导者的职责已不仅仅局限在创造利润上，还在于提高员工的整体素质，促进公司事业的全面发展。当然，只有这样，才能使领导者的心中充满高度的成就感。基于这种职责的使命，领导者需要忠诚、值得信赖的员工，需要那些能对公司和业务做出重大贡献的员工，因而也只有这样的员工才能得到他们的器重和提拔。

伟大的成功离不开激情

激情在工作中是一种非常宝贵的品质。所谓有激情，就是要怀着一颗火热的心，认真负责地对待每项工作，把心思用在工作上，不被困难所压倒，不为逆境所屈服，不为名利所牵累，始终保持蓬勃朝气、昂扬锐气和浩然正气去工作。

例如雅诗兰黛之所以成为“化妆品皇后”，与她工作的激情不无关系。雅诗兰黛多年来一直被誉为是《财富》与《福布斯》杂志等富豪榜上的传奇人物。这位当代“化妆品皇后”历尽艰辛，白手起家。她凭着自己的聪慧和对工作及事业的无比热情，最终成为闻名世界的市场推销奇才。经她一手创办的公司，第一个使用了卖化妆品赠礼品的推销方式，这当时在全世界上是史无前例的。雅诗兰黛化妆品公司也因此而蓬勃发展，从而走在了同类企业的最前面。雅诗兰黛之所以能创造出如此辉煌的事业，靠的不是继承祖业，而是自己对待工作和事业的无比澎湃的激情。在80岁前，她几乎每天都是激情四溢、精神百倍地工作十多个小时，她对待工作的态度和旺盛的精力不能不让人们对她佩服。今天的兰黛名义上虽然已经退休，可事实上，她依旧会每天穿着名贵的服装，满怀热情地穿梭于名门贵族之间，为自己的公司做无形的宣传。

工作是否充满激情，反映了一个人的工作态度和精神面貌。激情，是成就事业的巨大动力，而不是一时的感情冲动。要时刻充满激情就必须具有坚定的理想信念、高尚的人生追求、强烈的进取意识以及良好的工作姿态。

心理学家指出，由热爱工作到对工作产生热情，是一个熟悉并逐渐深入的过程。随着工作的深入，热情可以转化为激情。激情是工作最好的帮手。是否具备这种对工作，是否对事业的狂热追求，决定了你是否能够得到这份工作，是否能为公司创造效益。更为重要的是，它决定了你是否能保住你的工作与职位。如果你能拿出百分之百的热情来对待百分之一的事情，你就会发现，原来你的工作已经相当不错。

一个没有激情的员工是不可能认真负责且保质保量地完成工作的，更不可能创造出辉煌的业绩。

对于一名员工来说，工作激情尤为重要。有了激情，就能够释放出巨大的潜能，展现出一种坚强的个性；有了激情，就能把无聊的工作变得有趣，使自己活力四射，对事业的追求也更加狂热；有了激情，就能感染身边工作的人，从而构建良好的人际关系；有了激情，更能获得上级的提拔与重用，获得珍贵的发展机会。

PART 3 第三章

学点销售心理学，让业绩翻一番

XUE DIAN
XIAO SHOU XIN LI XUE RANG YE JI FAN YI FAN

销售心理学是指研究销售过程中涉及的人以及人的行为反应出来的现象。如在销售过程中，销售人员应具备什么样的自我意识，还有一些潜在客户的心理等等。其中潜在客户的行为也是受其心理活动驱动的，通常情况下客户听到推销有反感，只有了解了他们反感的原因，体会其怀疑的意识，也可以把握他们思考的方式，从而提高你获得销售成功的几率。

了解消费者的购买欲

如果你是一名销售人员，想要销售出自己产品的话，那么，首先需要激起消费者的购买欲，这样你的销售也就成功了。

假日旅馆的创始人是一位犹太人，叫威尔逊，他说："所有的客人都有一个共同的心理，就是不愿花大钱，却喜欢占小便宜。例如，他们住宾馆酒店时一天多少钱，只需把项目订好就可以，一定不要跟他们算细账。算细账会使他们认为我们的其他服务都很优惠，有一种被占了便宜的感觉。如果你跟他们算小孩住宿多少钱，游泳多少钱，喝杯水多少钱，那他们会认为你太小气，心理上产生一种被敲了竹杠的感觉。"

一次威尔逊带着孩子去华盛顿旅行，他们住在老式的汽车旅馆。那里的确算计得非常精细：每个小孩都加收住宿费。如果要添加小床的话，还要另加租床费。

"这种算法太不合理了！"威尔逊大声抱怨，"我们租的是整个房间，只要我们自己不嫌挤，愿意住多少人就住多少人。"

旅馆的负责人说："您要替我们生意人想想，做小孩子的床要钱，用坏了再添也要钱。我们要不收点费用，这笔钱由谁出呢？"

"一个孩子跟我睡在大床上，不用你们的小床，为什么还要加钱？"

旅馆负责人说："你跟小孩子两个人用的被单，要比一个人用当然更容易脏一些，洗起来不是要多用人工吗？”

这次不愉快的经历之后，威尔逊在他所开的旅馆里，增设了很多免费的服务项目。每个房间里都有免费的电视机、电话机、电脑，每个旅馆都配有游泳池。他竟然还配设了漂亮的狗舍，为那些随主人来旅行的爱犬也提供了服务。凡是旅客可能在旅馆中遇到的各种问题，威尔逊都想到了相应的处理方式，包括如果旅客偶然身体不适，也可以马上得到旅馆特别聘请的医生前来诊治，而且诊断费免收，只收医药费。

这一系列的措施使得他的旅馆生意太好，而且很大一部分都是“老客户”。

其实，这就是一场心理的博弈。在不遗余力地揣摩顾客心态的同时，还要站在顾客的角度反向找出自身提供服务的不足。顾客所提出的要求表面上看可能是一种“刁难”，但当你站到他们的角度去考虑时，却又觉得非常合情合理，所以一定要掌握他们的消费心理。

认清顾客的购买心理

在商场上，很多时候，都需要学习一点心理学，也就是说要了解一下顾客的心理，只有这样，你才能更好地推销自己，推销自己的产品。

奥利弗的零售店开业不久，有一天一位客人来到店里买搅蛋器。店员问：“先生，你是想要质量好点的，还是质量差点的？”那位客人听了显然有些不高兴：“当然是要好的，不好的东西谁要？”

店员就把最好的一种“多佛牌”搅蛋器拿了出来给他看。男子看了问：

“这是你们店里最好的吗？”

“是的，而且是牌子最老的。”

“多少钱？”

“120元。”

“太贵了吧？我听说，最好的才60多块钱。”

“60多的我们也有，但那不是最好的。”

“可是，也不至于差这么多钱呀！”

“差得并不多，还有十几元一个的呢。”男子听了店员的话，显得很不高兴，准备离开。此时奥利弗急忙赶了过去，对男子说：“先生，您想买搅蛋器是吗？我来介绍一种好产品给你。”

男子仿佛又有了兴趣，问："什么样的？"

奥利弗拿出另外一种牌子来，说："就是这一种，请您看一看，式样还不错吧？"

"多少钱？"

"56元。"

"照你店员刚才的说法，这不是最好的，我不要。"

"店员刚才没有说清楚。搅蛋器有好几种牌子，每种牌子都有最好的货色。我刚拿出的这一种，是同牌中最好的。"

"可是为什么比多佛牌的差那么多钱？"

"这是因为制造成本的关系。每种品牌的机器构造不一样，所用的材料也不同，所以在价格上会有差别。至于多佛牌的价钱高，有两个原因：一是它的牌子信誉好，二是它的容量大，适合做糕饼生意用。"奥利弗耐心地说。

男子脸色缓和了很多："噢，原来是这样的。"

奥利弗又说："其实，有很多人喜欢用这种新牌子的。比方我，我就是用的这种牌子，性能并不怎么差，而且它有个最大的优点，体积小，用起来方便，一般家庭最适合用。您家里有多少人？"

男子回答："五个。"

"那再适合不过了，我看你就拿这个回去用吧，担保不会让您失望。"

奥利弗送走顾客，回来对他的店员说："你知道不知道你今天的错误在什么地方？"

那位店员愣愣地站在那里，显然不知道自己的错误。

"你错在太强调'最好'这个观念。"奥利弗笑着说。

“可是，”店员说，“您经常告诫我们，要对顾客诚实，我的话并没有错呀！”

“你是没有错，只是缺乏技巧。我不仅生意做成了，而且我对顾客有不诚实的地方吗？”

店员默不作声，显然心中并不怎么服气。

“我说它是同一牌子中最好的，对不对？”店员点点头。

“我说它体积小，适合一般家庭用，对不对？”店员又点点头。

“既然我没有欺骗客人，又能把东西卖出去，你认为关键在什么地方？”

“说话的技巧。”

奥利弗摇摇头，说：“你只说对一半。主要是我摸清了他的心理，他一进门就是要最好的，对不？这表示他优越感很强。可是一听价钱太贵，他不会承认是因为他舍不得买，自然会把不是推到我们做生意的头上，这是一般顾客的通病。假如你想做成这笔生意，一定要变换一种方式，在不损伤他优越感的情形下，使他买一种比较便宜的货。”

店员听得心服口服。

心理学家认为，留面子效应的产生，主要是因为人们在拒绝别人的大要求的时候，感到因为没有能够帮助别人而损害了自己富有同情心、乐于助人的形象，辜负了别人对自己的良好愿望，会觉得有一点内疚。这时，为了恢复在别人心目中的良好形象，也达到自己心理的平衡，便欣然接受了第二个小一点的要求。比如，你想借100元钱，先向对方要1000元，这样更易达到目标。

所以，假如我们善于利用这个效应，在销售的过程中就会派上大用场。掌握了顾客的这种“好面子”的心理，就赢得了你们之间博弈的主动！

给顾客一个好印象

仔细想一想，你和你的顾客一共相处多长时间？肯定不长，在这短短的时间内，怎么让别人喜欢上你？如果顾客不喜欢你，怎么会购买你的东西，又怎么会和你长期合作？人做事情，首要的一点就是要有兴趣。如果你的顾客看见你就觉得厌烦，那你说话的权利都已被剥夺掉，根本没有人会想和你谈生意，无论你的产品怎么样。

尼蒙先生是一家制造企业的总裁，他讲述了一件事：

一天，一位钢材推销员来到尼蒙先生的办公室。这个推销员穿着一件破旧的衬衫和一条皱巴巴的裤子，用含糊不清的话说："早上好，先生。我代表洛斯钢铁公司……"

"什么？"尼蒙先生很不高兴地问，"你代表洛斯公司？年轻人，我认识洛斯公司的董事和经理，你错误地代表了他们。"

为什么这名销售员遭到了拒绝？因为他给尼蒙先生的第一印象就不好。其实，要和陌生人交流，第一印象是很重要的，他就是没有注意到这一点的重要性。

第一，我们要注重我们的穿着打扮，善于包装自己。因为你在见到陌生客户的时候，没有开口之前的印象就是你的穿衣打扮，可以说，初次见面给人印象的90%产生于服装。一般来说，衣着打扮能直接反映出一个人的修养、气质和情操。穿戴整齐、干净利落的推销员容易赢得顾客的信任和好感；而衣冠不整的推销员会让顾客留下办事马虎、懒惰、糊涂的印象。就像上面例子中的推销员，在尼蒙先生看来就是一个懒惰的样子。

你的形象还代表着整个公司的形象，就像尼蒙先生说的，这个推销员不能代表公司。那么如果是不认识的呢？那么给人的第一个印象就是，这个公司不怎么样，产品肯定也好不到哪儿去，而且第一印象给人的影响是很难消除的。

第二，就是说话了。推销员最主要的就是要把自己的东西卖给客户，正确的谈话让顾客满意，他就会购买你的产品。首先你说话的语调、声音是否让人听了舒服。你和你的客户打招呼的方式、你的态度、话语的明确性等都很重要。

一些好的推销之词很重要，但是如果你口齿不清，说话含含糊糊，顾客都不知道你在说什么又怎么会和你打交道呢？

第三，推销过程中的态度要真诚，即使客户不买你的东西。不能让客户感觉你像个小骗子，也不要急于求成，给客户一个足够的购买理由，还要让客户知道购买的人不止他一个，说一下别人的感受。在顾客面前你要学会做一个听众，不要一个人滔滔不绝地讲话，仔细倾听顾客的意见。在顾客面前也不能诋毁别人的产品，说不定你的潜在客户正在使用别人的产品，而且感觉很好。当顾客不想买的时候，千万不能用你的那些老掉牙的伎俩来施压，这样产生的后果相信大家都明白。

所以，我们以后在见顾客之前，一定要好好注意自己的形象，在推销的过程中更是有许多要关注的地方。顾客的喜欢也就是满意的开始，若你注意各个环节，就能为你的推销生涯清除一些障碍。

用诚实来赢得信任

人人都应该讲诚实，我们从小就是这样被教育的。如果你说谎了，那你就会被认为是不可靠之人。但是在销售上好像不是这个样子。在关于推销的技巧上，很少有人会说诚实是一种可靠的推销方式，甚至有一些推销术认为为了实现成交可以隐瞒产品的一些缺点。

因此，一个成功的推销员首先要学会诚实，推销员里也是有很多光辉的形象。不要去学那些人们眼里糟糕的样子，改变它，让顾客看到一个有信用、讲诚信的人。

著名的推销员乔治·赫伯特曾经有过这样一次成功的销售经历。他的一位寿险顾客，达拉斯的房地产商莫内根先生来办公室找他，想委托他出售他在达拉斯郊区建造的十几幢房产。

“乔治，我的运气真是太差，建造那些房子的时候，我并没有考虑到距离房屋二十几里外的那条铁路上的火车会产生那么大的噪声。”莫内根先生向乔治抱怨，并希望他能帮帮忙，因为莫内根知道乔治有很多关系很好的朋友。

乔治跟随莫内根先生实地察看了那些房子。确实如他所说，房子的质量、外观、周围环境都很不错，而且更为与众不同的是：在房间里每天要听到三次火车经过的声音。本来，乔治可以不向顾客说这一点的，但是他决定不要那么做，不仅仅是因为他的销售对象是寿险顾客，而是他觉得对谁都必须坚持诚实的原则。而且他觉得莫内根先生也过分地夸大了噪声的影响。实际上在房间里关上窗户，打开空调后，火车的噪声并没有我们想象中的那样大。

乔治采取的措施是，给房子的窗户再加一层，并给每幢房子配上一台电视。到了约定好的那天，乔治和邀请好的顾客一起“参观”那些房子。

在火车还没有开过来之前，他带领顾客观看了周围的环境，然后进了一幢房子，向他们详细介绍了这些房子的一些基本情况，除了二十里外的火车。乔治觉得应该让顾客们自己亲自体验一下。

接着乔治巧妙地让每个顾客听了一下平常的声音，以引起大家的注意。

他接着带领顾客们走进客厅，指着那台彩色电视机说：“开发商将随同房子将这台漂亮的彩色电视机送给你们。他这么做是有道理的，他知道你们将不得不适应一段一分钟的噪声，一天三次，但是很快地你们便会习惯。”

这个时候，他转身将电视打开，将它调整到正常的音量后说：“想象一下你和你的家人坐在这里，观看电视的情形。”接着他便停下来，等待火车驶过。在这段一分钟的时间里，每个人都听到了火车的声音。

“各位，我要让你们知道，火车一天要经过三次，每次一分钟，其余的大家都会在安静的环境中度过。”他在叙述一个事实，“现在，请各位想一下：我愿意忍受这点小噪声——我当然会习惯的噪声，来换得住在这栋美丽的房子中，并且拥有一台彩色电视机吗？”

就这样，三周之后，房子全部售出。

学会诚实，学会用巧妙的方法来化解一些不必要的失误，让顾客不必战战兢兢地去挑产品。世界上的东西都不可能十全十美的，夸得太完美反而不真实，老实地去对待你的顾客，将会赢得顾客的信任。

销售需设定目标和计划

美国行为科学家艾得·布利斯提过一个很实用的定理，说用较多的时间为一次工作进行事前计划，做这项工作所用的总时间就会减少。这就是著名的布利斯定律。

美国的几个心理学家曾做过这样一个实验：把学生分成三组进行不同方式的投篮技巧训练。第一组学生在二十天内每天练习实际投篮，把第一天和最后一天的成绩记录下来。第二组学生也记录下第一天和最后一天的成绩，但在此期间不做任何练习。第三组学生记录下第一天的成绩，然后每天花二十分钟做想象中的投篮；如果投篮不中时，他们便在想象中做出相应的纠正。实验结果表明：第二组学生没有丝毫长进；第一组进球增率加了24%；第三组进球增加了26%。由此，他们得出结论：如果行动前进行头脑热身，构想要做之事的每个细节，梳理心路，然后把它深深铭刻在脑海中，当你行动的时候，就会得心应手。

这个故事就是说明了我们事前应该有明确的目标计划，这样做起事情来才会更加有力。目标就是努力的依据，也是对你的鞭策。

在你做销售之前，你需要制定一个具体的销售目标，大至好几年的总体目标，小到每一个季度的销售额，再到具体的月销售目标。为了制定这些目标，你可能还需要制订一个又一个的具体计划。

亨利·德佐·罗这样说过："如果一个人朝着他梦想的方向奋勇自信地前进，为了实现他的理想，尽力奉献自己所能提供的一切，那么他的事业定会成功。"推销这一行是有很大挑战性的，如果没有目标你可能就会做不下去了。

然而目标其实谁都可以做出来的，每个人曾经都有过梦想，这些梦想也算是自己的目标，但是要实现自己的目标就要付出实际的行动。在我们实现我们定下目标的过程更需要一份严格合理的计划来支撑它。如果没有计划，情况将是一团糟，道路上充满了未知，所以，我们更要重视计划的制订。

在你计划的实现过程中，你可能会发现很多问题。不要紧，这时候你要做的就是准确地调整你的目标，继续奋斗。

最重要的是订好了计划之后的行动。大家都知道，没有行动的计划就是大白话，还有什么意思呢？这样下去，你只会觉得目标越来越远，越来越难以实现，结果就不停地降低自己的目标，这样做就没有定目标和计划的意义了，而且目标永远也不会实现了。每天实现一点，你就会发现目标其实并不遥远，自信心自然就会加强了，从一点一滴开始严格实现自己的计划才是重点，才是我们定下目标的意义。

满足顾客的真实需求

你有没有这样的感觉？当你心里感激某人，觉得他帮了你忙的时候你感到很高兴，愿意做事情来回报他；但是如果你心里觉得人家在强迫你的时候，你就会恼怒。

这就是成功的推销员和失败的推销员让顾客产生的两种不同心理状态。

多想一下顾客的感受，多了解他们实在的需要，多解决一些他们眼前的问题，那么我们推销自己的产品就不是那么困难了。一位成功的人士这样描述他的一次成功交易：

他认识一位顾客，一位退休在家的老太太，是她的律师为他做的引荐。老太太对任何陌生人都持有戒心，之所以同意与他见面纯粹是因为她的律师做了引荐。她们的见面将是一个三方会谈。律师引见他，而且只有在律师同意他的话之后，她才会同意，大家约定了一个时间，在她家会面。她一个人住，对任何一个她不认识的人都不放心。这个人在路上时，给她家里打了一个电话，然后抵达时又打了一个电话。她告诉他律师还未到，不过她可以先和他谈谈。这是因为之前说了几次话，让她放松了下来，所以她愿意单独谈谈。当这位律师真正到来时，发现他的出场已经变得无关紧要了。

这位先生第二次见到这位潜在顾客时，发现她因为什么事情而心神不宁。原来她在申请一部急救电话，这样当她有病时，就可以及时寻求到帮助。虽然保障部门已经批准了她的申请，但一直没有安装好。于是，这个人马上给社会保障部门打电话，当天下午就装好了这部急救电话，而且他一直在她家里守候到整个事情做完。

从那时起，这位客户就对他言听计从——给予了他彻底的信任，因为他解决了真正困扰她的事情，她相信这位先生有能力满足她的需要。这个额外的帮忙使得他的投资建议几乎变得多余，因为一经建议便马上得到了老太太的同意。虽然刚开始这位老太太对这个建议并没有多大的兴趣。

顾客的需求实在太多了，如果推销员只想着自己的产品有多好当然是不行的，不适合自己的东西大家都不会去买的。因此我们要从实际的情况来看，你的潜在顾客的哪种需求是最主要的，他最想在哪方面得到满足。就像上面例子中的老太太，她主要的需求就是安全感的需求，那么我们就要从这方面着手。

其实好多推销员都是没有看到顾客的真实需求，所以他们不容易成功。终其原因还是因为他们只想着自己的产品，没有真正关心顾客。不要吝啬你的爱心，不要舍不得多花一点时间去了解顾客，多赞美他们，没有谁会因为真心的赞美而反感的。

要相信，只要你真正做到了，你的推销就不会遭到拒绝。

学会掌握销售主动权

通常，两个人在谈判的时候，掌握主动权的人就能控制着整个局面，从而能让整个谈判朝着对自己有利的方向去发展。因此在谈判的时候，推销员要学会控制局面。

要想控制整个局面的发展，一定不能分神。因为在你们谈话的过程中，不管顾客在谈什么，这些话里面可能都有你要的信息，而且仔细听人家说话也是一种尊重。你是否精神集中，顾客都会看出来的，他从心里就会觉得你很不礼貌，不把他看在眼里。

一次，赫伯特先生到房地产商吉姆先生的办公室，吉姆对赫伯特的保险计划很感兴趣。谈到一半的时候，吉姆开始谈起自己的儿子，是一位即将毕业的法学院学生。吉姆先生显然很为自己的儿子骄傲，但是在他说话的时候赫伯特却走了神。办公室外有一些人在说笑，赫伯特忍不住去听门外的笑话，但赫伯特知道这样做有欠礼貌，所以在吉姆先生大谈自己儿子如何深受器重时，他仍不住地点头。赫伯特以为吉姆会看不出来，会以为自己似乎在留心听他讲话。

然而，当他们回到正题，谈起保险的事时，赫伯特发现吉姆已经变得态度冷淡，他立刻就意识到有什么地方不对劲。结果，吉姆突然站起来说：“赫伯特先生，我们谈得够多的了。”说完就径直走了出去。这就是他们谈判的结局！

晚上回家时，赫伯特一直在思索自己到底做了些什么。后来，他决定给吉姆先生打电话问个究竟。

“这是怎么啦？”赫伯特问他，“到底是什么使您气冲冲地走了出去？”

“你为什么要问这个问题？”吉姆问道。

“因为我一直希望自己做得更好。要是我做了什么冒犯您的事，请告诉我，以免我再次犯同样的错误。”

“赫伯特先生，我告诉你是怎么回事。”他板着脸说，“你不停地看门外，显然你不想听我说起我的儿子，倒是更有兴趣听那些推销员讲笑话。我反感且讨厌你那样做。”

赫伯特对自己的行为感到羞愧。沉默了一会儿，说：“您说得完全正确，是我的错。您知道我想说什么吗？我想说我不配得到您的生意。在您挂电话之前，我想让您知道，我认为您有权利为您的儿子感到自豪。您的儿子听起来也像是位优秀的年轻人，我相信他将来会成为一名出色的律师。我真心地感谢您对我说的话，使我学到了宝贵的东西，我只希望有一天您能再给我一次机会。”

直到一年后，赫伯特才从吉姆先生那里得到一张订单。

连赫伯特这么优秀的推销人员都会出现这样的错误，那么，你肯定也会不时出现这样或那样的情况的。仔细注意你的精神情况，千万不要因走神让生意泡汤了。

因此，永远都要记住：控制销售的局面。用你的热情和机智来控制整个谈话的内容。在和陌生人的交谈中，实际上是说话少的人在控制着整个局面，不要唠唠叨叨地不停地说，也不要分散你的注意力。

PART 4 第四章

学点管理心理学，让下属更信服你

XUE DIAN
GUAN LI XIN LI XUE RANG XIA SHU GENG XIN FU NI

随着现代科学技术的发展，重视人的因素，发挥人的主动精神，挖掘人的潜在能力显得尤为重要。并且人是企业管理的主体，管理心理学着重研究人的心理活动的规律性，将有助于在科学分析的基础上，了解人的心理规律，采取科学的管理方法，促使企业管理取得最佳的成绩。

领导和员工之间更需要信任

英国哲学家培根曾说过："对人的信任，对人的热情，形象点儿说，是爱抚，是温存的翅膀赖以飞翔的空气。"是的，信任是爱的一种体现，也是一种高尚的情感，更是一种连接人与人之间的纽带。有了信任，夫妻才会和谐共处，白头偕老；有了信任，朋友才能坦诚相待，推心置腹；有了信任，陌生人之间也能够传递爱的温暖；有了信任，领导和员工才能和平共处，朝着一个共同的目标努力。

作为一个管理者最大收获人心的方法就是信任，例如下面的公司用人之道就是信任。

江苏印染公司属于一家大中型企业，近年来发展极为迅速，问及经营之道，其老总钱森很肯定地说，要相信每一个员工，这同时也是他的用人之道。他还深有体会地说："企业要创造更大的利润，关键是要关爱员工，信任员工，把员工当做自己的兄弟姐妹一样看待。"

至今，他公司的每一个员工都对这么一件事情记忆犹新。公司的一名员工在刚刚上班不到一周的时候，就找到钱森，说自己的母亲生病住院了，可是家里实在没有钱了，向钱森提出了借钱的请求，而且一开口就是10000块，并请假回去照顾母亲。可能在很多人看来，这是一件不太可能的事情，可钱森却毫不犹豫地答应了下来。

一周之后，这名员工返回公司，他找到钱森，感激地问道，我当时刚上班不到一周，你怎么就这么爽快地借钱给我，难道不怕我拿着钱永远不回公司了吗?

钱森笑着回答说，我既然把你招进了公司，就说明我对你的信任。如果我连自己的员工都不信任的话，我怎能把部门重要岗位交给他呢?

这位员工听完感动地说，他在这里找到了信任，这将是他一生的财富。

从此以后，这名员工刻苦努力，勤奋工作，帮助公司解决了印染工艺一个又一个的技术难题，不久就晋升为部门主管。

直到现在，相信员工一直都是该公司的用人之道，而且公司在处理涉及员工管理和利益的问题上必定先召开员工代表会议，广泛征求员工的意见和建议。这一举措，让每一位员工感觉到自己真正是公司的一员，这极大地调动了他们工作的积极性。

的确，只有对员工有了充分的信任，他们才能在今后的工作中奋发图强，有所作为。

因此，作为管理者，一定要认识到这一点。很多时候，信任就是一缕和煦的春风，可以吹散员工心头的阴霾，消除他们心底的芥蒂；信任是一抹温暖的阳光，可以使员工活力倍增而不是感到心灰意冷；信任是一片清澄的湖水，可以使员工伸展四肢尽情地搏击而不是遇到困难就向后退缩。管理员工，当从信任员工开始。

管理者首先要尊重员工

英国哲学家笛卡儿曾经说过："尊重别人，才能让别人尊重自己。"俄罗斯作家陀思妥耶夫斯基也说过："对别人不尊重的人，首先就是对自己不尊重。"在生活中，我们要学会尊重别人。对于管理者来说也是一样，要尊重自己的员工，平等待人，不要因为自己是领导而居高临下，这样才能换来员工敬佩和尊重。

土光敏夫在日本乃至全世界都十分有名，他曾为日本经济的振兴做出了巨大贡献，是日本企业界权威人士。在谈及自己的成功经验时，他说他的成功得益于对员工的尊重。

土光敏夫68岁的时候就任东芝社长。当时，他不顾自己年老体衰，充满激情地奔走在东芝各地工厂和营业所，同许许多多的员工进行交谈，并乐此不疲。

一次，他来到川崎的东芝分厂，这给该厂的员工带来了极大的鼓舞。因为从建厂以来，历任社长都没有来过这个偏僻地方的小厂。土光敏夫的到来，让他们充满干劲。另外，土光敏夫设在总部的办公室是完全对员工开放的，他十分欢迎每一位员工和他探讨问题。最初的时候，慑于他的身份地位，并没有员工走进这间开放着的办公室，但是土光敏夫耐心等待，半年之后这里就变得门庭若市。多年的管理经验让土光敏夫认识到，管理者最重要的责任就是要为每一位员工提供最舒适的工作环境，让每一个人都能发挥自己潜在的才能。

基于这种想法，他制定了“申报”与“内部招募”相结合的人事制度，即员工认为自己在哪个岗位上工作最能发挥特长，可以自由申报，同时，一旦公司内部需要某类人才的时候，先在公司内部员工中招募，借以鼓励员工在公司内部充分流动。这种尊重员工的做法使他受到了员工的极大尊重，同时，在经营企业、管理员工方面，他都收到了极好的效果。公司的每一位员工都积极展示自己的才能，公司业绩也蒸蒸日上。

美国心理学家威廉·詹姆斯说过：“人性最深切的渴望，是得到别人的尊重。”的确，人是万物之灵，有思想，有人格，有尊严。任何人——不论贫富、贵贱、长幼，都希望在社会中有自己的一席之地；没有人希望自己被他人忽视、遗忘或鄙弃。公司的员工也是如此，唯有他感觉自己没有被老板忽视和遗忘，而是得到了老板的尊重时，他才会在工作中充满干劲，以报知遇之恩。

信言不美，美言不信

自古以来，一意孤行、刚愎自用的领导人必定垮台。

管理者拥有权力、地位，容易被阿谀奉承、阳奉阴违所蒙蔽而听不到真话。现实生活中，为了赢得领导的欢心和偏爱，下属大多讨好，甚至糊弄管理者，说假话蒙骗上级的现象屡见不鲜。因此，一个优秀的管理者必须要有听真话的诚意、胸襟和行动。

一千张羊皮，不如一张狐狸腋窝皮珍贵；千百人俯首顺从，不如一人诤言争辩对事有益。作为一个领导者，应该具有从谏如流的雅量，能够听取不同意见，并鼓励下属敢于讲不同意见。领导者能经常听进不同的意见，于己于人都有好处。

有这样一个有趣的故事：

某领导带领下属一行十人，乘坐一艘小船，到某海岛游玩。归途中，领导提出暂不回航，到另一小岛上去玩。其中有一人提出：“那岛周围暗礁多，流急浪大，很危险，还是不去的好。”领导听后很不满意，厉声说道：“不要说不吉利的话，扫大家的兴。风平浪静的有什么意思？同意去的站到左边，不同意的站到右边。”很多人察言观色，溜须拍马，结果一个个都向左边走去，当右边只剩下一个人时，小船承载不了，翻到了水里。

老子曾说："信言不美，美言不信。"真话可不是都那么好听，好听的话未必真实。领导要有气度、有雅量，辩证地看待不同意见，不能因员工与自己意见不合而抱有成见。要有实事求是的精神和宽广的胸怀与度量，听到一些过激的言语时，要宽容忍让，不要气恼，耐心地让对方把话说完，然后再心平气和、实事求是地说明情况、分清是非，这样才不至于堵塞言路，才能表明自己提倡、赞赏、鼓励、支持说真话的态度。

当然，并不是让你耳朵根子软，谁说听谁的。在听取不同意见或反对意见时，也要分清真伪，分清凿凿之言、肺腑之言和毫无根据的谎言。要分清好坏，分清金玉良言和别有用心的谗言。要分清虚实，分清不含水分的实话、毫无意义的空话和言过其实的大话。只要领导放下架子，多一点人情味，以诚相待、平易近人，就能以自己的真情换来部下的真心，这才是真正的领导艺术。

公平对待每位下属

成功的领导者一定是办事公正的人。领导做事出于公心，一视同仁，一碗水端平，才能赢得别人的认同。

领导做事不公，下属的心理就会不平衡。如果员工平时受轻视、被欺压，投告无门，有怨气拼命忍着、压着；后来，终于忍不住、压不住了，如堤水冲决而出，漫过了理智的河岸，那样就很危险。身为领导，不能高高在上，恣意委屈、愚弄下面的人。相反，处事要让他们高兴，以平和他们的心气。要做到这一点，没有别的办法，只有一个“公”字。众人心理能否平衡、平顺，全靠领导者能持之以公，才能天下太平。平安，也靠领导者秉公办事才能实现。

大公无私说起来容易，但在实际中做到却困难。生活中，真正能舍己而成就别人的领导有许多，公正就会无私，无私就会宏大。私心为己的人，常以人为私，常以物为私，但最后往往身与物相违，人与己相违，心与理相违，事与行相违。

曾任唐高宗时大理丞的狄仁杰就是个公平、公正的好领导。一次，有两个武官误砍昭陵的柏树，按律应削职为民。而唐高宗却意气用事，下令要将二人斩首。狄仁杰认为二人所犯不是死罪，不该杀头。唐高宗为此十分恼火，狄仁杰反驳说：“犯颜直谏，自古以来认为很难。臣以为，如果遇到夏桀、商纣那样的暴君，自然很难；但若遇上唐尧、虞舜那样的贤君，其实很容易。现在，按照法律来说，二人并未犯下死罪，陛下却下令斩首，这是使大唐法令失信于天下。如果因一棵柏树而杀害两名武官，后代将如何看待陛下？臣之所以不敢接受这样的命令，是担心使陛下陷于无道的境地。”高宗听了，终于冷静下来，认为狄仁杰确实言之有理，于是收回成命，同意按法令将两名武官削职为民，流放到岭南。过了几天，高宗便提升狄仁杰为侍御史。

人类是过群体生活的，每一个个体的努力，都会促进社会的进步；每一个人的身心健康，都是社会康乐的基石。个体与社会，具有休戚与共的密切关系，这是人类社会的一项特质。为了充分发挥人类休戚与共的这项特质，就要做个正直的领导，以公正无私的胸襟，来实现做领导的真实意义。

领导应做到公、正、明、大。领导能公，他的心自然没有私欲；领导能正，他的心自然不存偏见；领导能明，他的心自然没有隐情；领导能大，他的心自然深涵广博。领导的心若能同于常人的心，让它与万物同体，与日月同辉，与天地同行，这样就基本做到了“公正明大”。人心之所以无法和天地一般大，就在于其存在私欲。唯有抛弃私欲，才能实现公正。

善于洞悉下属的心理

一个单位人员的构成是非常复杂的，因为地区不同、学历不同、性格不同等原因，员工们每个人也都有着各自不同的目标和目的。由于每个人文化层次和知识水平的不同，他们在工作中的需求也有各自不同的特点。因此，对于一个领导者而言，要用好每一个员工，让他们每一个人都充分发挥其才能，就必须了解他们各自不同的目标与目的，洞察他们的内心需求，摸清他们不同的特点，然后采取不同的方式去解决。这样就能够把下属都团结在自己周围，以达成既定的目标。

一个成功的领导者必须善于察言观色，从下属的一举一动中细心推测他们心里在想什么，了解他们的心理状况，然后再针对他们的实际情况采取相应的行动，这样就能达到事半功倍的效果。

上司对下属的管理，并不主要靠规章制度来完成。真正起作用的是捕捉下属的心理状态，攻心为上。要注意下属的脸色及表情，从而掌握他们当天的心理状况。

领导要善于从对方的言谈知悉他的心意与情绪，对其内心进行剖析，少些捕风捉影的错误，以达到"观人于微而知其著"的最高境界。

作为领导，要了解下属，摸清他们的心思，看他们属于哪一种心理需求，然后对症下药，以充分发挥每个人的潜能。刘备三顾茅庐，均遭到诸葛亮的怠慢，因为诸葛亮想以此考察刘备到底有无招贤纳士的诚意和虚怀若谷的气量。当刘备心志专一、谦恭下士的品德深深地打动了诸葛亮之后，这位隐居山野的“卧龙”先生，便欣然接受了刘备的邀请，出山助他收复汉室江山。刘备就是一个合格的领导，请诸葛亮并没有用金银财宝，而是给他一个施展的平台和机会，所以才能让诸葛亮死心塌地地为他服务。

在所有的用人谋略中，“攻心为上”是一种最重要、最高明的谋略，要做到“以己之心，换人之心”。一般来说，有两个先决条件决定行为能否顺利地进行：一个是领导者愿意使用下属；另一个就是下属愿意接受上级的调遣。其实后者比前者更为重要，而且难度也更大。因为每位下属都不尽相同，而且他们的心态一般都比较复杂。领导者要想成功地差遣下属，首先就必须了解他们的内心世界，在此基础上进一步征服他们的心，使他们心甘情愿地为你效力。

学会用情感激励下属

对待员工的各种不同需求，应该采取不同的手段，能恰到好处地激励员工的积极性，这是优秀领导者的表现。

从现在的总体形势来看，对员工的激励是很必要的，这是很多公司现在的一种重要措施，也相当于是一种投资。对企业来说，投资当然就是要求有回报的。你的投资得到的回报就是员工工作效率的提高，而且在一些企业中，职员愿意留下来的理由不仅是工资的高低，有时候领导人的作为也是职员愿意跟随的一大理由。

一家国际性咨询公司的调查表明，企业中85%的员工在入职半年之后，通常都会由原本的兴致勃勃转而变得无精打采，工作的动机和热情都会出现很明显的下滑。由此可见，激励员工对于组织和企业的经营是至关重要的。

当然，对员工的激励方法有很多，其中感情的激励就是一种很重要的方法。对管理者来说就是要学会像关心家人一样关心员工，以真挚的感情来感动职员，让下属感动、信任你，从而愿意长期地追随你。

每个人都有不同的求知欲、自信心、自尊心和荣誉感，对于那些已满足了基本生活的高级人才来说，这些高级的精神要求就更加突出了。管理者如果只是把这些人看做是为你赚钱，为你创造利润的“经纪人”，那可能得不到他们的信任。在一些小说里面不是有这样的说法吗？“对每一个自己的工具都要以真诚的感情去爱护，每个物品都是有感情需求的”。而现在我们对待的是人，我们更要学会宽容、赞美、沟通，像对待你的家庭人员一样对待他们，一味地责骂或者是无视他们的存在是不会和员工产生感情的。

“情感激励”是企业管理的重要软性投资。做好情感激励，能够减少企业员工的流动，降低企业的人力资源成本；能够充分调动员工的工作积极性，增强企业的凝聚力，从而增强企业的市场竞争力。因此，情感投资是极其必要的，学会“创造感动”，对企业的事业兴旺发达大有裨益。要尽可能多地让员工感受到真情，感受到企业对他们的关爱。因为用户的感动都是由员工创造出来的，所以，领导者只有先感动了员工才能感动用户，在“创造感动”中创造效益，这样，才能在激烈的市场竞争中稳操胜券。

正当的竞争互相促进

竞争让人进步。每个人都有不服输的特性，都不想被别人的成就压制在下面，就连亲兄弟之间都在比较，谁都想做第一。当你交给下属一个任务的时候，大家都想要做得最好，所以我们才会有各种各样的比赛存在。

不公平的竞争只会让职员心灰意冷，看轻了公司的制度，对所有的人都不再那么相信，也不会再参加下一次竞争了。很多人喜欢怨天尤人，但实际上怨天有什么用？天毫无反应，怨也无济于事。尤人则往往惹人反感，更增加以后对自己的阻力。怨天尤人，受害的多半是自己。不正当的竞争，例如采取一些不良的手段，结局最终可能无法收场。

小芳和小琳是一个公司的搭档，公司要筹办一个展销会，让她们两人分别做，再选择最好的方案。她们两个都提出了自己的方案，但是小芳因事先对自己的产品有了一个非常详尽的了解，所以受到了公司老总的赞赏并被采纳。小芳虽然隐隐感觉到小琳的尴尬与不悦，但小芳想这是公平竞争，没什么的。

但是因为这个展销会来得很仓促，当天晚上小芳就和其他部门的一位男同事一起就一些细节问题研讨了很久。而且因为时间的紧迫，他们又不得不连夜随同事们去酒店布置会场。公司领导并没有把小琳安排到布置会场的人之中，当小琳得知这个消息的时候脸色一下子就变了。小芳当时也没有想什么，然而当她第二天一回到家，就看到男朋友拉长着脸在她家门口站着，原来他在等着跟小芳说分手。

后来小芳才知道，小琳一个电话打到了小芳男朋友彬那里，告诉他小芳现在跟另一个男同事好上了，而且今天可能要“夜不归宿”，而且还把小芳两个的“相会”地点告诉了她男朋友彬。彬听了之后马上去了小芳所在的会场。透过会场的落地大玻璃，果然看到小芳和另一个男同事的身影，于是他便信以为真。

而小芳的这则“丑闻”也在公司里传了很长一段时间，说小芳抛弃了自己的男朋友，跟某某同事有染，这简直要把小芳逼疯了。

像小琳这样的行为是我们绝对不能采取的。明明就是一件以竞争相互促进的事情，最后却演变成这样了。机会不会只有一次，只要合理地利用。

作为公司的管理人员，要坚决杜绝这样的行为发生，要鼓励职工的正当竞争，所以我们在选择人的时候就要注意这个问题。

使下属有危机感

当一个人处在不利己的环境下时，通常会爆发出惊人的力量。人要“居安思危”，太安逸的生活容易使人堕落，不思进取。而古人说的“生于忧患，死于安乐”就是这个意思。

人要有危机意识，能随时意识到别人的压迫，环境的危机，才能让你不断进取，去达到更高的要求。安逸是滋养堕落的温床，因此，作为一个领导者，我们不能只报喜不报忧，要让每个员工知道危机的存在，以给员工们一个危机激励。

危机激励就像在员工内部之间的竞争一样，让员工感到其他内部人员可能会超越自己，那么自己就要想办法还击，以超过对手。一般来说外部环境对企业的影响，员工是难以察觉的，外部的环境变化了，而内部却不怎么变化，就不会让人有要前进的意识，等到每个员工都看到外部压力的时候就晚了。

因此，做一名出色的管理者就要适当地把外部环境的不利因素导入到内部，使上上下下都产生危机感，从而都加倍努力去打败自己的对手。

美国旅行者公司首席执行官罗伯特说：“我总是相信如果你的企业没有危机，你也要想办法制造一个危机，因为你需要一个激励点来集中每一个员工的注意力。”

员工也怕失业，所以有一些公司就采用了辞退员工的威胁法，让每个人都不能掉以轻心，对每一个员工形成一种有力的约束力，让他们努力去工作。这是一种很有效的方法，因为人人都不想失去已有的东西，如果通过一些简单的事情就能做到为何不做呢？

不管是来自外部的环境危机还是处于内部的危机，总是能让人保持一颗清醒的头脑。一个温暖的被窝可以让你失去斗志，但是一盆冰凉的冷水能让你看到世界需要改变。

有危机感的员工都是思想进步的，他们知道不进步就要被人超过。同样，有危机感的企业是不会被人超越的，有危机感的公司就有积极创新、积极开拓市场的力量。合理使用危机刺激，让危机刺激到企业里的每一个人。

员工成为企业主人翁

“参与效应”就是参与管理，指在不同程度上让员工和下属参加组织的决策过程及各级管理工作，让下级和员工与企业的高层管理者处于平等的地位研究和讨论组织中的重大问题，让他们可以感受到上级主管的信任，从而体验到自己的利益与组织发展密切相关而产生的强烈的责任感。

20世纪30年代，美国心理学家梅奥在霍桑实验后提出了“社会人”假设，认为人的工作以社会需要为动机，人们希望管理者能够满足自己的社会需要和自我尊重的需要。持这种人性假设的管理者提出了“参与管理”的工作形式，让职工在不同程度上参加企业决策的研究和讨论。

20世纪50年代末，麦格雷戈等人提出了“自动人”的人性假设，并结合管理问题，将其概括为理论。这种理论认为人有自我实现的需要，人的才能和潜力充分地发挥出来时，人才能感受到最大的满足。麦格雷戈认为，在适当的条件下采取参与式的管理，鼓励人们把创造力投向组织的目标，使人们在与自己相关的事务的决策上享有一定的发言权，这为满足他们的社会需要和自我实现需要提供了机会。

宏碁公司从集体创业开始到推动员工入股，有一个非常重要的用意，是要让同人知道，老板和大家一样都是伙计。这是宏碁建立互信基础的关键所在。

宏慕的老总施振荣说：“如果同人疏忽造成损失，我不会责怪他‘输掉我的钱’，因为大家合伙经营公司，输钱大家有份，只是我损失多一点而已。也就是说，当决策者存有‘你花我的钱，我当然有权决定怎么花’的想法时，组织的信任感就会被破坏。事实上，我之所以不愿意以老板自居，最终也是为了自己的利益。如果决策者自认为是老板，就会希望部属看他的脸色办事。但如果大家不能对自己负责，成天看老板的脸色才有所行动，企业的发展方向很容易被误导，工作效率也会减低。当人人入股的形式发展起来，大家都是老板的时候，大家就会自觉地工作了，因为这是在为自己劳动。”

由此可以看到，当劳动者有了主人翁的感觉时，他们就会发掘出自己最大的潜能，心甘情愿地干活。

XUE DIAN XIN LI XUE RANG ZI JI GENG YOU XIU

学点心理学，让自己更优秀

下篇

PART 1 第一章

学点社会心理学，智慧处世

XUE DIAN

SHE HUI XIN LI XUE ZHI HUI CHU SHI

社会是我们生活的大家庭，要想在社会上立住脚跟必须有健康的心理，才能够不迷失自己的方向。我们每个人都生活在社会中，都在寻找自己在社会中的价值，掌握一些社会心理学知识，有助于你脚踏实地地适应社会，融入社会，成为有一定社会影响力的强者和成功者，只有这样，才能进一步影响社会。

理想要和现实结合

当人处于一个新环境中时，就会不可避免地和社会上的种种麻烦碰撞。无论在何时何地何种情况下，这种碰撞可能程度不同，但是绝对不会消失。换言之，一个人用追求理想的方式来逃避现实是永远不可能实现理想的，也永远不可能取得成功的。

萧舒参加工作已经半年多了，可是还是不能适应职场的环境。

萧舒在学校时学习成绩优异，喜欢钻研技术问题。他本来希望能在一个专门负责技术开发的部门专心研究自己喜欢的技术，但是单位却分派他去了一个专门搞外联的售后服务部。

这个部门里没有特别明白技术的人，大家热衷的也不是如何把自己的工作精益求精，而是变着方法地如何糊弄要求售后服务的客户；同事之间的倾轧也很严重，萧舒想做一个置身事事外的人都不成。萧舒感到自己在大学里曾经拥有过的那些宏图壮志正在一天天地远离自己。

萧舒勉强坚持工作了一年，终于下定决心辞职，回到母校所在的城市，准备报考母校的研究生。在萧舒看来，这是自己对不那么完美的现实社会的一种抗争，而实际上他并未意识到，在别人的眼里，当他在自己从前的工作进行得并不成功的情况下离开，这种选择无论如何都看起来与逃避并无区别。

萧舒刚回到母校所在的城市时，暂时借住在留校任教的同班同学小王那里。小王他们的宿舍能容纳六个人，此时刚好只有五个人住；大约住了十天，小王突然告诉萧舒，宿舍有一个人已经向他暗示不喜欢萧舒借住在他们的宿舍。萧舒赶忙接过话茬说："那我去校外租个房子住。"萧舒觉得不能让同学为了自己的缘故而影响和同事兼室友之间的关系。

不过萧舒还是心里很不高兴，小王的那个舍友怎么这么不通人情呢，自己也就是只有晚上在那里睡一下，白天一整天都在教室上自习，丝毫不影响他呀。他怎么就容不下自己呢。他的那个室友也是刚工作两年左右，怎么就变得这么狭隘自私了呢？

萧舒换了一个城市和环境，仍然不能摆脱社会上的种种纠纷。原因不在于他是身处学校还是职场，而在于他从来没有想过改变自己，也从来没能有效地调整自己的心态。

那么，面对理想与现实的矛盾时，我们该怎么办呢？答案只有一个，那就是努力去调整自己，以适应形势，适应社会。

诚然，社会是复杂的，甚至有一些不容置疑的丑恶现象存在，但是改造社会的方法绝对不是消极地逃避社会生活，社会生活也绝不会因为个别人不合作的缺席而变得纯净透明起来。只有成为有一定社会影响力的强者和成功者，才有资格影响社会；只有先适应社会，融入社会，才有可能成为社会上真正的强者和成功者。

一味抱怨只会失败

现实生活中，很多人在失败之后，只会一味地抱怨，从来不去想解决问题的方法。其实，要想转败为胜，就得抛弃抱怨，从头再来，这样，才能获得成功。

台风蹂躏过后的城市，大地一片狼藉。很多街道两旁的行道树被大风吹倒，环卫部门的工人们正在把那些歪倒的树扶起来。在扶起倒伏的树木前，工人们总是先将靠树干下部的一些大的枝叶锯去。一个行人看了后奇怪地问："锯掉了这么多的枝叶，它还能活吗？再说多难看啊！"

工人们都笑了起来，其中一个回答说："恰恰相反，锯掉一些枝叶，树挥发的水量减少了，成活率才会更高一些。再说，不锯掉一些枝叶，树木太重了，把它扶正也很不容易；要是再刮风的话，树也会因为根基不牢，再次被风吹倒。"

与修理树的道理一样。人生在世，每个人都不可能完全避免失败，失败了，从辉煌中一下跌入惨淡的境遇中，没有谁会甘愿就此罢休。可要想再次成功，就得站起来，抛掉一切不必要的浮华和累赘，从头再来。这是一种勇气，也是一种境界的升华。

人们常说"人生不如意事十之八九"，人的一生不可能永远一帆风顺，不可能不遇到任何挫折、打击和失败。在美国所有成功的企业家中，平均每位都有过三次企业破产失败的纪录。在面对不幸时，有些人迷失于“十之八九”的宿命阴影，被挫折击垮，而有些人却乐观地看到其他的“一二”中所蕴藏的希望和前景。其实，一个人生命中是阳光彩虹多，还是狂风暴雨多，完全在于自己的选择和看法。

不少人总是在想着“我应该得到什么”，抱怨社会“没有给我什么”，却从不曾反躬自问：“我还缺少什么才能争取到我所希望得到的回报，我所付出的是不是还远远不够？”

怨天尤人的人总是把责任推到别人身上，他们看不到自己的错误和不足，总是把别人的失误和缺点当成自己不负责任和不够忠诚的借口。他们在抱怨中丧失了很多机会，耽误了很多时间，被别人甩在后面还茫然不知。

曾经有一位好发牢骚的员工先后愤然离开了好几家公司，抱怨老板的种种不是。后来他有幸进入一家不错的单位从事自己最为喜欢的事业，可是过了一段时间，他还是被老板辞退了。这个时候，他终于明白是自己一直欠缺必备的工作能力，而不是老板不肯赏识他。

一位伟人曾经这样启示我们：“有所作为是人生中的最高境界。而抱怨则是无所作为，是逃避责任，是放弃义务，是自甘堕落。”

无论我们遇到的是什么情况，喋喋不休地抱怨是于事无补的，甚至会把事情搞得更糟，那绝不应该是一个聪明人的选择。

没有绝对的公平，只有最好的自己

有位智者曾经说过，与他人攀比是懦夫的行径，与自己相比才是英雄的作为。其实，我们不应该把生命浪费在和别人的攀比上，而应该跟自己的心灵去赛跑。

某大学正在举行演讲比赛，选手们根据抽签结果决定他们演讲的次序，其中一个很优秀的男同学抽到了一号。

坐在下面的裁判老师和同学们熟知这个多次在演讲比赛中获奖的男同学，都等着欣赏他激情澎湃的表演。可是这个男同学这一次似乎有点反常和激动，他挥舞着双手走上了讲台，大声地宣布他要退出演讲比赛："为什么把我安排在第一号位置？这是不公平的。谁都知道先演讲肯定被打低分，我拒绝接受这样不公平的次序。"说完便气呼呼地摔门离开了。

在座的同学、老师们一时不知所措，不过经过短暂的混乱和尴尬的冷场后，主持人还是宣布让其他的选手继续比赛。会场渐渐被振奋人心的语言和热烈的鼓掌声所占据，人们很快就忘记了那个莽撞的男孩子。就像人们经常说的，这地球离了谁都照样转，而这个时候那个男同学正独自一人郁闷地坐在图书馆的角落里生闷气。

那个男同学当时并不知道，其实这次演讲比赛只是全国性大学演讲比赛的一次预选赛。考虑到这个男同学在历届校内赛事中的过人表现，本校的老师们本来已经内定了要推荐他参加全国比赛的。可是他却冲动而粗暴地把一切都搅乱了，既辜负了师长的期望也耽误了自己。

谁说过生活是公平的呢？那个男同学想要的到底是什么样的公平，难道非得把他排在较有利的位置上才算公平吗？如果把他排在第一个演讲是不公平的，难道把别人排在第一位就是公平的吗？

一件事如果只追求结果的公平，就很容易导致平均主义，从而对效率产生不利的影响。因此，我们所能期望得到的现实公平只能是规则的公平、机会的公平。

“比上不足，比下有余”，说得多好啊！人生在世，总是有很多的人看不到这一点，成天艳羡那些终日沉浸在鲜花和掌声中的明星、名人，嫉妒那些身家百万、锦衣玉食的富人和政治家们……以为他们和世界上的痛苦和不幸是无缘的，其实，要想达到成功彼岸，只有瞄准自己的方向，才能真正地一往无前。

宽容使生活更美丽

人活一世，每个人都有犯错误的时候，如果执着于别人过去的错误，就会形成思想包袱，产生对他人的不信任和猜疑，反而分散了自己的精力，不利于彼此间的合作，从而限制自己和他人的发展。

“安妮相信爱和宽恕。我们也愿意在这一沉重的时刻向你们伸出我们的手，请接受我们的爱和祈祷……此刻如果有一个家庭正承受比我们更沉重的悲痛的话，那就是你们一家。我们想让你们知道，我们愿与你们一起分担这一份悲痛……”

这是1991年中国留学生卢刚制造校园枪击惨案的第二天，受害者安妮·克黎利的三位兄弟给卢刚的家人写的一封信中的部分内容，信中的人性之美让整个世界感动。

2007年，当又一场校园梦魇重演后，这种人性美再一次重新出现：韩裔学生赵承熙的墓碑与遇难者的墓碑被安放在一起，接受着一样的悼念。一些学生对凶手及其家人表现出的宽容和大度，再一次感动了世界。

这两次感动世界的“宽容”壮举都发生在美国，这并不是偶然的，而与美国文化和教育有关。美国教育中至为宝贵的一点就是宽容和爱的教育。

美国前总统林肯素以宽容对待政敌著称，后来终于引起一个他的支持者的不满，这个支持者说：“你不应该和那些人交朋友，他们是你的敌人，你应该消灭他们。”林肯微笑着回答：“把他们变成我的朋友，这难道不是在消灭我的敌人吗？”林肯总统的话可谓一语中的。多一些宽容，现在的敌人或许就能成为未来的朋友。

“一只脚跟扁了紫罗兰，它却把香味留在那脚跟上，这就是宽容。”安德鲁·马修斯在《宽容之心》中说了这样一句发人深省的话。

宽容就是忘却。人人都有痛苦，都有伤疤，如果你动辄去揭开别人的伤疤，别人也会想办法为你增添新的创伤，结果旧痕新伤都难愈合。人只有学会忘却，生活才有阳光，才有欢乐。

宽容就是忍耐。在非原则性的问题上，与亲人、师长和朋友发生冲突，面对他们的批评、误解，过多的争辩和“反击”实不可取，唯有冷静、忍耐、谅解最为重要。相信这句名言：“宽容是在荆棘丛中生长出来的麦穗。”

追求光明需要积极的心态

每个人都和其他人不同，每个人都是独一无二的奇迹。即使是在整个宇宙范围内，生命的价值也不取决于我们的遭遇，而永远在于我们自身，或者更具体地说，取决于我们个人对事物的看法。

有一个下岗职工，在不到一年的时间里接连遭受了一系列重大人生挫折。他先是从一家效益不好的单位下岗；随后妻子也因第三者插足和自己离了婚；紧接着，与他相依为命多年的老母亲又不幸去世了；而他自己的身体也不是很好。经过一系列的打击，他终于在秋天的时候卧病在床了好几个月。

他还有一个读初中的儿子，可是这个孩子也总不让父亲省心，经常旷课去网吧玩游戏，学习成绩也非常糟糕。

灰心之余，他向朋友求助，如何才能走出人生的困境。

朋友并不回答他的问题，却向他要了一张100块钱的钞票，而且忽然用力把这100块钱揉成了一团。

“它还是100块钱吗？”朋友站起来把皱巴巴的100块钱递给他看。

“它当然是100块钱。”

朋友又把钞票丢在地上，用脚狠劲地踩，钞票很快变得又脏又旧。朋友拣起钞票，再次问那个神情变得困惑不解的下岗之人说：“它还是100块钱吗？”

“是啊……”下岗工人有点疑惑，而又略带遗憾地看着自己的100块钱说。

“不错，你这张100块钱不论如何被揉搓、践踏，只要他没有被彻底毁坏，那么它就仍然是100块钱。它不会因为寻常的挫折和打击而贬值，人生难道不应该如此吗？”

朋友给他上了一堂意义深刻的课——钞票不会因为它所受到的不公平待遇而贬值。

同样，人生路上，人也会无数次地遇到这样或那样的挫折，人们很容易因为自己所处的不利环境而感到沮丧，从而怀疑自己的价值。但生命的价值是不受个人判断影响的，甚至也不因个人在社会上的得失荣辱而有所增加或者减少。

一位伟人说：“要么去驾驭生命，要么让生命驾驭你。”人生并非是完全由环境所决定，而是可以靠人的主观努力改变和调控的。积极和消极心态的不同必然导致人生取向和人生结局的不同。

愿不愿意积极地生活其实是个人的选择。一旦做了积极的选择，即意味着日常生活中，俯仰皆是机会。那些拥有积极心态的人，永远保持对生活的选择权利，因此能够有更多的机会担负重要的社会责任，塑造个人的光辉未来，也只有这种人才有机会成为像林肯、爱因斯坦那样的成就非凡的人生。

赠人玫瑰，手有余香

有一句俗话说得好："赠人玫瑰，手有余香。"人活在世界上，只有学会付出和分享，才能和谐地和别人相处。在付出、给予和分享的时候，人同时也收获到舍己为人、慷慨大度所带来的快乐和满足。在现实生活中，当我们超越狭隘、自私，善意地看待这个世界、真诚地帮助和关怀别人、学会与他人一起分享生活时，我们也能很容易收获到快乐、幸福和成功的果实。

1990年的中国医科大学，有一个来自贵州贫困山区的大学生，叫陆翔。陆翔的父亲死得很早，母亲也长期卧病在床，家里一贫如洗。入学不久，陆翔就因为生活费问题而无法继续求学，准备返回家乡。

这个时候，在新闻媒体的帮助下，很多和陆翔素不相识的人对他伸出了援助之手。其中有一个14岁的女孩子找到陆翔把2000块钱交到他手里。陆翔看着小女孩纯洁的大眼睛有点不知所措了："我不需要这么多钱，将来我一定会回报你的。"

小女孩微笑着说："我不要你的回报，只要你好好学习，好好做人。我妈妈说，帮助别人，不图回报。"陆翔不由感动得泪流满面。

大学期间，陆翔受到了很多不知道姓名的社会人士、同学和老师的资助。他感到人生充满了温情和希望，因此决心一定要努力成才，以便将来以实际行动回报社会。

毕业后，他成绩优秀，被学校保送去国外一家著名的大学进修了两年，回国后很快成为国内首屈一指的心外科医师。

数年之后，陆翔偶然在病房内看到一张对他来说终生难忘的面孔，就是那个曾经在他最困难的时候送给他2000块钱、并给了他人生鼓励的小女孩。这张面孔现在已经成熟了很多，也因疾病的折磨变得清瘦了很多，但还是保持着以前清秀的轮廓。原来这个姑娘得了严重的心脏病，面临生命危险，需要立刻动手术治疗，但是姑娘及其家庭却正在因为拿不出巨额的手术费用而愁烦不已。

经过一番考虑，陆翔拿出了自己的全部积蓄交给了医院，并设法帮助姑娘减免了一部分费用，还决定亲自为这个姑娘做手术。

手术进行得很圆满成功。但其间，当姑娘和她的家人看到收费通知单，却有些惊讶不已。原来上面写着的款项只有2000块钱，而且通知单旁边还有一行手写体小字："医院决定减免您的医疗费用，因为您曾经无私地帮助和鼓励过别人。——曾经接受过您帮助的人，陆翔。"

撒下一粒花种，收获一个玫瑰园。不计较收获的付出往往能得到加倍地惊喜和回报。

摆脱负面情绪

现实生活中，有很多人经常被消极和负面的情绪包围，他们似乎已经把烦恼变成了一种生活习惯。有些人热衷于名利，得不到就怨天尤人；有些人喜欢猜疑别人，老是怀疑别人在自己背后搞鬼，要阴谋加害自己；有些人心胸狭隘，见不得别人比自己优秀，一旦有人超过自己，就觉得心里不舒服；有些人喜欢没事找事和别人闹别扭，引火烧身后还埋怨别人不通情达理。

有一家小电脑公司长期负责给一家大公司做技术支持，这两家公司之间的合作虽然积累了一些信任，但是平时因为各种鸡毛蒜皮的小事情闹了不少纠纷。

有一天这家大公司的老板在晚上临下班时，发现公司的很多电脑都中了病毒，系统运行缓慢，而且某些重要数据有被泄露的可能性，就打电话要求小公司的老板派人来修理。可是当时，小公司的员工已经走得全没影了，小老板要给人家维修的话就得亲自出马。小老板又想起以前和大公司办理业务时曾经历的种种不快，心里很快就被负面情绪占据了：“电脑不好使了吗，早干什么来着？为什么偏要等下班了才给我们打电话呢，不就是挣你们一点儿小钱吗？也不用这么刁难人啊！”他就跟大公司的老板说：“我们的员工现在都下班了，要是现找人来干活的话，还得给人家付加班费。非要维修的话等明天吧！”说完，他就粗暴地把电话挂掉了。

但是这位大老板非要今天晚上就把电脑维修好，他怕耽误明天的工作，于是就给另外一家电脑公司打了电话，要求提供维修服务。

那家电脑公司一口答应下来，很快由该公司老板亲自带队过来抢修。他们很快恢复了系统，同时在维修的过程中，他们发现，这次电脑之所以中毒，不仅是一种软件系统的问题，还和电脑主板的一个硬件缺陷有关，正巧这种主板的生产商最近已经推出了新款的主板以克服这个硬件缺陷。

大老板了解到这个情况后，立刻大笔一挥，和这家电脑公司签署了一份合同，授权他们为自己公司的全部电脑更换新主板。按照每台电脑更换千元左右的主板计算，该公司的三十多台电脑要完全更换好，再加上人工费用，整笔生意将近有10万块钱。对于一个小电脑公司来说，这可是一笔大生意。

另外，大老板还因为头一家电脑公司恶劣的服务态度，决定在合约期满后中止与其的合作，转而把技术支持的工作交给后一家电脑公司处理。此时，头一家电脑公司的老板只能后悔不迭。

人生充满了选择，而我们如何面对生活挑战的态度关系着我们最终能否成功。如果你用消极的态度来对待生活，为自己步步设限，你就只能永远拘泥在猜疑和敌视的荆棘丛中而不得解脱，生活也必将因此而变得暗淡无光；当你用乐观积极的态度对待生活时，生活也会与你坦诚相见，将她最富于魅力的笑容展示给你，并回报你以风雨之后的绚烂彩虹。

PART 2 第二章

学点社交心理学，做个交际高手

XUE DIAN
SHE JIAO XIN LI XUE ZUO GE JIAO JI GAO SHOU

人与人的交往，实际上是人与人心理的交流。一个人的人际关系状况不仅影响其成长与发展，并且影响着其工作的成败。我们发现善于交际的人很多都有一个共同点——幽默，幽默可以帮助我们化解尴尬、误解，调节气氛，.没有人不喜欢幽默。它就像是所有人都无法拒绝笑脸，其实勇敢地迈出第一步你会发现交际会给自己带来的福利。

学会用“心”交往

人与人之间的交往，看似简单，实则复杂。在交往中会遇到各种各样的人，形形色色、千奇百怪，每个人都有自己的想法和需求。人们有时候真的不知道该如何处理人际关系，很多人虽能顺利越过“社交”这个门槛，但一个个都被拒绝在了别人的“心门”之外。

人与人之间的交往其实是心与心之间的沟通和交流。如果在交往中自己不用心，态度不够端正，内心不够诚恳，说话办事不够尽力，那么是很难赢得别人接受和信任的。有人会觉得人际交往很难，而有人则认为很简单。人际交往到底是难是易，这就需要看交际主体是采取一种什么样的态度来对待社交了。

人际交往是人们心与心之间的交流，不要以为别人的心门是紧闭的，其实只要你走近，并用“心”去敲，就会发现，原来对方的心门是虚掩的，只要你轻轻一推就会打开。只要你走上前去，用“心”叩响，对方的心门就会为你敞开，并热情地迎接你。

在生活中，人们往往会发现，有些人虽然看起来冷若冰霜，但是一旦熟悉起来，他们也是很随和热情的。交往贵在真诚，当你用自己和善的真心打动了对方，对方是很容易接受你的。如果大家之间都保持冷漠，被动地等待别人来接近你，那么就可能使彼此的关系紧张，无法深入地交流。

社会是由人构成的，人与人之间不可避免地要进行交流和沟通，而且每个人都有交往的心理需求和渴望。因此，要实现彼此之间的交往，建立和谐的人际关系并不是一件十分困难的事情，关键是与人交往不光是用嘴和行动，更要用心。如果人们互相不能坦诚相待，彼此过分防备和敌对，那么人际关系必然会僵化。

社会交际是人类所必需的活动，没有谁能够脱离社会和人群而独立生存。

人与人之间的关系是复杂的，人们的情感也是变化莫测的，很多人为了不使自己受伤害，往往会给自己设一层保护膜，对人有所防备，这也是很常见的心理现象。所以，有的人表面上看似冷若冰霜，拒人于千里之外，其实他们的内心还是渴望得到关心和温暖的，只是有时候环境和氛围不合时宜，才没有表现出来而已。

第一印象是关键

首因效应也叫首次效应、优先效应或第一印象效应。人与人在第一次交往中给对方留下的印象，在对方的头脑中占据着主导地位，这种效应即为首因效应。

《三国演义》中庞统当初本来准备效力东吴，但孙权见到庞统相貌丑陋，心中先有几分不喜；又见他傲慢不羁，更觉不快。最后，这位广招人才的孙仲谋竟把与诸葛亮比肩齐名的奇才庞统拒之于门外。尽管鲁肃苦言相劝，也无济于事。众所周知，礼节、相貌与才华决无必然联系，但是连礼贤下士的孙权尚不能避免这种偏见，足见第一印象的影响之大！

人们在与某物或某人接触时，第一印象作用最强，持续的时间也长。第一印象效应是一个妇孺皆知的道理，为官者总是很注意烧好上任之初的“三把火”，平民百姓也深知“下马威”的妙用。每个人都力图给别人留下良好的“第一印象”。

在一些社交场合中，我们可以利用这种效应，展示给人一种极好的第一印象，为以后的交流打下良好的基础。要做到这一点，首先，要注重仪表风度。一般情况下，人们都愿意同衣着干净整齐、落落大方的人接触和交往。其次，要注意言谈举止。言辞幽默，侃侃而谈，不卑不亢，举止优雅的人，定会给人留下难以忘怀的好印象。首因效应在人们的交往中起着非常微妙的作用，只要能准确地把握它，定能给自己事业的成功建立起良好的人脉关系。

在人际交往中，我们就可以充分利用它来帮助我们完成成功的自我推销：首先，面带微笑，这样可能给人热情、善良、友好、诚挚的印象；其次，应使自己显得整洁，因为整洁容易留下严谨、自爱、有修养的第一印象，尽管这种印象并不准确，可对我们的推销总是有益处；再次，使自己显得可爱可敬，这点必须由我们的言谈、举止、礼仪等来完成；最后，尽量发挥你的聪明才智，在对方的心目中留下深刻的第一印象。

谈话要找到共同话题

如果你和某人的交流一开始就以争论为起点，那么你们一定不会有一个愉快的结束。因为在争论中永远没有真正的赢家，稍微不合适就演化为争吵。

每个人在与别人的交往中都存在“物以类聚，人以群分”的心理，人人都希望得到一种认同，而不是走到哪儿都听到别人的反驳。你如果可以找到两个人的共同点——你和别人相似的地方，就可以更顺利地继续进行后续的话题。不要怕和一个陌生人找不到共同的话题，只要你认真地去询问就可以做到。

其实，寻找共同点这一方法随时都可以使用，当你想进一步了解一个人的时候，当你和你的朋友想一起愉快地聊天的时候，聊共同的话题，就会增加你们俩对事物的相同看法。更重要的是你会得到对方的认同，对方也会觉得和你谈得来，有可谈之处。

一次一名度假的大学生和一位在法院工作的同志，在一个共同的朋友家聚餐，经主人介绍认识后，两位陌生人谈了起来。慢慢地，二人发现他们对社会上的不正之风的看法有共同点，就不知不觉地展开了讨论。他们从令人发指的社会现象，谈到不良现象产生的土壤和根源，从民主与法制的作用，谈到对党和国家的期望，两人越谈越深入，越谈双方的距离越近，越谈发现双方的共同点越多。事后双方都认为这次交谈对大学生认识社会，对法院同志了解外面的信息和群众要求，增强为纠正不正之风尽力的自觉性都是有益处的。

就这样，大学生表达了自己的观点，又得到了对方的认可。法院的人觉得这样一个初出茅庐的学生很有主见，是个值得一交的朋友。

其实两个人谈话最怕的就是找不到话题，当你谈起一个别人根本就不懂的东西时，对方想和你交流都没有办法，一个好的话题可以引出无数话题。利用共同点开始谈话就很容易找到别的共同点，尴尬的局面一下子就化解了。

为了增强你的谈话能力，扩大你的兴趣范围，你在平常可以多关注一些信息，多增加你的活动，多参加一些事情，在大家谈话的时候你都可以参与进去。你也可以学一学电视里面那些主持人，看看他们是怎样讲话的。长期地坚持下去，你就能看到满意的结果，你就会发现和陌生人聊天的时候总是能找到聊天的话题，大家也会很愿意和你谈话。

生活离不开幽默

俗话说:“笑一笑，十年少。”每个人都想要一个轻松、愉悦的谈话环境，保持积极乐观的心态，用语幽默诙谐，会让人觉得和你谈话是一种享受。

幽默还有自我解嘲的功用。在对话、演讲等场合，有时会遇到一些尴尬的处境，这时如果用几句幽默的话语来自我嘲解，就能在轻松愉快的笑声中缓解紧张尴尬的气氛，从而使自己走出困境。

一位著名的钢琴家，要去一个大城市演奏。钢琴家走上舞台才发现全场观众坐了不到五成。见此情景他很失望，但他很快调整了情绪，恢复了自信，走向舞台，微笑地对听众说：“这个城市一定很富有。我看到你们每个人都买了两三个座位票。”这时音乐厅里响起一片笑声。现场为数不多的观众立刻对这位钢琴家产生了好感，开始聚精会神地欣赏他美妙的钢琴演奏。正是幽默改变了他的处境。

不管在什么时候你说的话都会给别人信息，你说什么样的话就会留给人什么样的形象。但是我们不可能总谈论好的话题，谈到不好的内容的时候就有可能产生不好的情绪。如果他能够换一种说话的语气，也许效果就会大大的不同。所以我们要学会以幽默来化解不愉快，让别人感受到你的幽默，用轻松的心情对待一切。而下面故事里面的人就做得很到位。

在饭店里，一位顾客把米饭里的沙子吐出来。一粒一粒地堆在桌上，服务员看到了很难为情，便抱歉地问：“净是沙子吧？”顾客摇摇头说：“不，也有米饭。”

“也有米饭”形象地表达了顾客的意见，以及对米饭质量的描述。运用幽默语言进行善意的批评，既达到了批评的目的，又避免出现使对方难堪的场面，幽默就是具有这么大的魔力。

幽默是一种优雅的健康品质，也是现代人应该具备的素质。那么，应当怎样培养自己谈吐幽默的能力呢？首先，要有渊博的知识和宽阔的胸怀，对生活充满信心与热情。其次，要有高尚的情趣、丰富的想象、开朗乐观的性格，这样才能成为幽默风趣、自然洒脱的人。

所以，从现在开始，不管你以前是什么样性格的人，你都应该学会一种乐观豁达的心态，做一个风趣洒脱的人,让身旁的人都随着你的幽默轻松起来，让和人的交谈变得容易起来。

积极地引导话题

什么是引导话题呢？就是导出你谈话的内容，安排你们话题的先后顺序等。其实，有些事情是不用刻意去做的，在你们的交谈中如果你能慢慢引导着别人一步一步地往下，自然而然地往更深处谈论，这就是引导话题的成功了。

美国前总统罗斯福以知识渊博而闻名，无论是牛仔或骑兵，政治家或外交官，他都能找到最恰当的话题和对方谈话。他怎么能做到这点呢？答案很简单，如果他要接待某个人，他就要事先翻阅这个人的有关材料，研究对方最感兴趣的问题。

卡内基还曾讲过这么一个故事：

耶鲁大学教授威廉·菲尔普斯，8岁时有一次到姨妈家度周末。有天晚上有位中年男客来访，跟姨妈寒暄完后，就和菲尔普斯聊起来。那时菲尔普斯非常热衷帆船，对方似乎对帆船也很喜爱，于是一直以它为话题，两人很快成了好朋友。客人走后，菲尔普斯对他大加赞赏："多么棒的人！他对帆船多么感兴趣！"姨妈却告诉他："那是一位纽约的律师，对帆船一点也不感兴趣。""那他为什么一直都在谈帆船呢？""因为他是一名君子，他觉得你对帆船感兴趣，所以就谈一些会使你高兴的事。"菲尔普斯这才恍然大悟。直到成人后，他还时常想起那位律师。

可以看出，如果以对方的畅谈之处为话题，或者以对方感兴趣的东西为话题，两人的交往常常会很顺利，并且人际关系也会由此大大进步。

其实，每个人都是喜欢和别人交流的，怕的就是尴尬，找不到该说的话。我们要做一个主动者，积极去引导话题，让谈话“你来我往”。不要被动地等待别人向你说什么，这样是不容易交上新朋友的。

学会记住别人的名字

记住别人的名字，可以使你在人脉上畅通无阻。你知道对方的名字，说明你们以前有过交往；你能喊出对方的名字，说明了他在你心目中有一定的分量。谁都希望让别人重视自己、记住自己，喊出对方的名字，恰恰满足了对方的这一心愿。投桃报李，对方也会重视你的名字，并且会心怀愧疚地想："上次是人家主动叫出了我的名字，我却忘了人家叫什么，这次一定要记清楚，下次见面不要太尴尬了！"因此对方就会把你的名字刻在心里了。

记住别人的名字，可以使你获得更多的尊重。能够记住对方的名字，你就可以避免在遇到对方时直呼"喂""哎""我说那个谁"这些不礼貌的词语。要知道，这样称呼别人是很伤人心的，你伤了对方的心，对方又怎么会尊重你?

安德鲁·卡内基被称为"钢铁大王"，但他却对钢铁的生产知之甚少。他手下有上百名工程师和技术员，每一个人对钢铁的了解都比他多得多。

但他知道如何与人交往，这就是他致富的原因。他在年轻的时候就展现出卓越的管理才能和领导天赋。卡内基10岁时，发现人们都对自己的名字非常重视，便利用这一点赢得了与他人的合作。有一天他抓住了一只怀孕的兔子，很快他便有了一窝小兔子，但却没有东西喂养它们。卡内基想出一个绝妙的主意，他告诉邻居的孩子们，谁能采集到足够的苜蓿和蒲公英来喂小兔，他就会以谁的名字来给这些小兔子命名。

计划果然发挥了神奇的作用，孩子们争先恐后地采野菜喂小兔。卡内基对这个成功永远不忘。多年以后，卡内基在商业上运用同样的心理学原理，并因此获得了巨额利润。

尽管有很多为了交际的需要让我们记住别人的名字，但即便是没有交际上的需要，我们也要记住别人的名字，因为这是一种善待生活的态度，感化生活的品质。

社会是复杂多变的，人际关系的好坏决定了一个人的成功程度。我们懂得一些交往技巧十分有必要，记住别人的名字和职务并给予别人恰当地称呼，特别能给予人良好的印象，能使对方感到你在关心他、喜欢他，使他愉快和欣慰，从而为自己打开一条通往成功的路。

微笑给你带来财富

微笑表示的是“你好”“我喜欢你”“你使我感到愉快”“我非常高兴见到你”等意思，这就是狗为什么那么受人欢迎的原因。它们见到我们是多么高兴，几乎要从躯壳里跳出来，因此，我们也会很高兴见到它们。

然而有种不真诚的笑，那种笑骗不了任何人。我们知道那种笑是机械式的，令人讨厌的。我这里所说的是那种真正的、出自内心、给人以温暖的微笑，这种微笑才有价值。

圣路易红雀棒球队的第三垒手、曾经是全美最成功的推销保险人士之一的富兰克林·贝特格说过，他好多年前就发觉，一个面带微笑的人将永远受人欢迎。因此，在进入别人的办公室之前，他总会先停留片刻，仔细想想必能感动这人的事，然后带着一个真诚的微笑走进去。他相信，这种简单的技巧跟他推销保险的巨大成功有很大关系。

艾勃·哈巴德忠告大家说：每当你出门的时候，应该缩起下巴，把头抬得高高的，让肺部充满空气；沐浴在阳光中，用微笑来招呼朋友们，每次握手都使出力量。不要担心被误解；不要浪费一分钟去想你的敌人。试着在心里想想你所喜欢做的是事，然后在明确的方向下，你会径直去实现目标。心里想着你所喜欢做的那些有意义的事情，那么当岁月消逝的时候，你会发现自己已无意识地掌握了实现你的希望所需要的机会，就像珊瑚虫从潮水汲取所需的物质一样。在心中想象着那个你希望成为的诚实的、智慧的、能干的人，而这种想法，会使你每时每刻都在向那个理想的人转化……

绝顶聪明的古代中国人，对世界上的事物都看得很透彻，他们有一句格言，我们应该记住并把它写在帽子上，那就是“和气生财（一生没有微笑面孔的人不能做成生意）”。

PART 3 第三章

学点社会心理学，开启成功之门

XUE DIAN
SHE HUI XIN LI XUE KAI QI CHENG GONG ZHI MEN

成功者更加需要良好的心理，因为他们处在风口浪尖，很容易一夕之间暴富或是一贫如洗。如果没有好的心理素质，这样的大落差必定会导致他们承受不住行为出现偏差。因此，不管是成功之前所具备大无畏的不怕困难勇往直前地向困难出发，还是遭到惨败之后仍能够崛起的坚强信念。很多人之所以没有成功就是因为他们害怕挫折而放弃，或是没有为自己建立好人脉而错失良机，这些都是导致失败的重要因素。

有目标的人生才能成功

大多数人都曾幻想过他们的生命是永恒不朽的，他们浪费金钱、时间以及心力，去从事所谓的“消除紧张情绪”的活动，而不是去从事“达到目标”的活动；大多数人每周辛苦工作，赚够了钱，在周末就把它们全部花掉；大多数人希望命运之风把他们吹进某个富裕又神秘的港口，他们盼望遥远未来的“某一天”退休，在“某地”——一个美丽的小岛上过着无忧无虑的生活。倘若问他们将如何达到这个目标，他们就会回答说，一定会有“某种”方法的。

如此多的人无法实现他们的理想的原因在于：他们从来没有真正定下过生活的目标。

目标是对所期望成就的事业所下的真正决心。目标比幻想好得多，因为它可以实现。没有目标，就不可能发生任何事情，也不可能采取任何行动。如果一个人没有目标，那他就只能在人生的旅途上徘徊，永远也到不了任何他想要到达的地方。

法国昆虫学家法布尔这样劝告一些爱好广泛但收效甚微的青年，他用一个放大镜示意说：“把你的精力集中放到一个焦点去试一试，就像这个凸透镜一样。”这实际是他个人成功的经验之谈。他从年轻的时候起就专攻“昆虫”，甚至能够一动不动地趴在地上仔细观察昆虫长达几个小时。

我国著名气象学家竺可桢也是目标聚焦的践行者，他观察记录气象长达三四十年，直到临终的前一天，他还在病床上做了当天的气象记录。

用眼睛盯住目标，必须学会用理智去战胜见异思迁。只要专注于某一项事业，那就一定能够做出使自己都感到吃惊的成绩来。

许多人一辈子懵懂混沌，那是因为他们没有真正的目标。他们只是活着，然后过一天算一天。然而从人生中收获最多的人都是警觉性高、积极等待机会、机会一到马上就能发现的人。这正是因为他们都有确定的目标。

兴趣是成功的开始

俗话说："兴趣是最好的老师。"每个人都有自己的兴趣爱好，每个人都有自己的长处，我们要去发掘它，并做自己擅长的事情，这样就更容易获得成功。

有一个孩子，在学校时的功课差极了，老师说他的智力有问题。看上去，这个孩子的确有些沉默寡言，他甚至可以一个人坐在屋前的花园里看着花草小虫很长时间。他的父亲教训他："除了打猎、养狗、捉老鼠以外，你什么都不热心，将来会有辱你自己，也会有辱你的整个家庭。"

他的姐姐也看不起这个学习成绩平平、行为怪异的兄弟。他在家庭中成了一个不受欢迎的人。

但是他的母亲爱他。她想如果孩子没有那些兴趣，不知道他的生活还会有什么色彩。她对丈夫说："你这样对他不公平，让他慢慢学会改变吧。"

丈夫说："你这不是教育，这样只会毁了他的一生。"但她却固执己见。她认为他是她的孩子，需要她的安慰和鼓励。

她支持孩子到花园中去，还让孩子的姐姐也去。母亲耍了一个小心机，她对孩子和他的姐姐说："比一下吧，孩子，看谁从花瓣上先认出这是什么花？"孩子要比他的姐姐认得快，于是她就吻他一下。这对孩子来说，是多么令人兴奋的一件事，他回答出了姐姐无法回答的问题。于是他开始整天研究花园的植物、蝴蝶，甚至观察到了蝴蝶翅膀上的斑点的数量。

对于她的做法，她的丈夫觉得不可理喻。认为那种怜爱是无助无望的，除了暂时麻痹孩子之外，根本毫无益处。但是，就是这个醉心于花草之中的孩子，多年后成为了生物学家，并且创立了“进化论”。他就是达尔文。

只有自己感兴趣的事情，才会全力以赴地去做，也只有自己真正感兴趣的事情，才会做到拿手，做到擅长。这个世界上总有一些事情是我们擅长的，选择了适合于发展自己长处的职业，然后认真地去做，总会有所成就。

做自己喜欢做和想做的事，就是人生的成功点所在。因为你自己喜欢做和最想做的事，就是你的兴趣所在，那里面蕴藏着你的天赋，并且做起来也能让自己充满信心和激情。最主要的是，你愿意去做。只要愿意去做，那就有成功的可能。

一心不可二用

你很专注地干过一件事情吗？全身心地投入，二十四小时不想别的，心里就一件事情的那种感觉，只有亲身体会才知道。专注的力量很大，它能把一个人的潜力发挥到极致。一旦达到那种状态你就没有了自我的概念，所有的精力都集中到了一点。

不止一次有人向卢卡诺·帕瓦罗蒂请教他成功的秘诀，而他每次的回答都是这样的，他的父亲以前的话对他的影响巨大。当年他刚从师范院校毕业，但是他痴迷的却是音乐，而且自己也有很好的音乐素养，所以他不知道怎么办，于是请教自己的父亲："我是当一个老师呢，还是专门做一个歌唱家？"父亲的回答很形象："如果你想同时坐在两把椅子上，你可能会从椅子中间掉下去。生活要求你只能选一把椅子坐上去。"

这是一则短小精悍的故事，故事教会了我们一个非常大的道理！生活赋予了我们太多选择的机会，导致我们时常会左顾右盼，异想天开地认为我们可以做更多的事，拥有一切更美好的事物，但是往往因为目标的不专一，最终丢了西瓜捡了芝麻，甚至赔了夫人又折兵！

所以生活告诉我们，做事要专注，做人也要专一，切不可三心二意。专注现在，专注未来，专注一个意想不到的辉煌人生，走出一条真正属于自己的阳光大道！

我们在平常的生活中面对的选择实在太多，如果不专注就会分散我们的精力，没办法好好去做一件事，那么成功的概率就会降低了。世事纷扰，大多数人每天忙个不停，但通常我们的工作十有八九是因为某一件事而被人记住的。所以，我们更应该慎重地选择自己真正有兴趣的项目，把心定下来，专注地去做，把我们所有的智慧和才干都发挥出来，结果会比我们千头万绪地瞎忙活好得多。

我们要知道怎样才能找回自己的专注力量。从大的方面来说，我们要有自己现实的梦想，并且要对它坚定不移地相信，然后为着这个梦想坚持到底。其次，就是我们生活中的小事情总是分散人的精力，我们要分清轻重缓急，专注于最迫切需要完成的事情，不要去想别的事情，更不要被别的事情打扰，所谓一心不能二用就是这个道理。所以，我们应该使用专注的力量，将目标指定在重要的事情上面。慢慢地，大脑就会习惯对这个事情的专心程度，热情就会回来，你也会体验到专注的力量。

专注是一种美，蕴藏着巨大的力量。

做有价值的事情

不值得定律最直观的表述就是：不值得做的事情，就不值得去做。

这个定律再简单不过了，但其重要性却时时被人们忽视遗忘。不值得定律反映出人们的一种心理：一个人如果从事的是一份自认为不值得做的工作，他往往会保持冷嘲热讽、敷衍了事的态度。这样不仅成功率小，而且即使成功，也不会觉得有多大的成就感。

每天我们都在做很多的事情，有些事情做了半天，才发现其实根本没有必要去做。做了再后悔就很没有必要了。事情有轻重缓急，价值有大小之分，内心要把握一把标准尺，衡量一下哪些事情值得我们去做。只有“选择你所爱的，爱你所选择的”，才有可能激发我们的奋斗毅力，也才可以让自己心安理得。

有时候，不值得做的事情犹如鸡肋，食之虽无味，但弃之可惜。让人犹犹豫豫，不放又不好好做。对待这样的事情就要好好地考虑，坚决不做不值得做的事情。

那么，在我们人生中，究竟什么事情才是值得做的呢？那就需要我们心中那把尺子去度量了。一般来说，在我们心中的尺子有这样三种：

第一，就是每个人的人生观、价值观，不同的价值观决定了人人看事情的角度和态度是不一样的。政治家愿意花时间和金钱在做政治文章上，然而，喜欢经商的人就觉得这是一种浪费。

第二，就是我们人与人不同的个性。内向的人更愿意老老实实地做研究，因为他觉得往外面跑是很困难、没有必要的事情，只要做好了研究就可以了。

第三，就是环境、职位等的不同。当你作为一名技术员的时候，干基本的活儿就是你值得去做的事情，但是当你升入管理层之后，技术活儿就是不值得你做的事情了。

在做事之前，在内心里先把自己将要做的事情过一遍，并且拿尺子量一下。找到自己觉得有价值、值得去做的事情，再坚持不懈地做下去。

千万不要认为做点事情总比什么都不做的好，这是没有明确价值观的人说的。把一件事情做得乱七八糟的还不如不做，本来珍贵的时间可以用来认真考虑你的人生，并且努力创造它的，可是却被用来浪费在不值得的事上了，那就实在是等于在浪费生命。

同样，对于任何人都是如此。你的梦想就是最值得你去做的事。找到梦想，并全力以赴地去实现梦想，将值得做的事情做得更好。

与其两败俱伤，不如互利双赢

商业之间的竞争就是利益之争。如果把商业仅仅看作是一场“博弈”，对手得益就意味着自己受损，那么结果往往是两败俱伤。但是企业必须学会与对手共赢，取各自所长，合理整合资源，才能以较小的代价换取更大的利益。

心理学上有一个经典的实验：让参与实验的学生两两组合，但是不能商量，各自在纸上写下自己想得到的钱数。如果两个人的钱数之和刚好等于100或者小于100，那么两个人就可以得到自己写在纸上的钱数；如果两个人的钱数之和大于100，比如说是120，那么他们俩就要分别付给心理学家60元。

结果如何呢？几乎没有哪一组的学生写下的钱数之和小于100，当然他们就都得付钱。

心理学家认为，这是因为人们与生俱来的一种竞争的天性。每个人都希望自己比别人强，都不能容忍自己的对手比自己强。因此，人们在面对利益冲突的时候，往往会选择竞争，就算拼个两败俱伤也在所不惜。

还有一个很有趣的故事，上帝向一个人允诺说：“我可以满足你的三个愿望，但有一个条件——你在得到你想要的东西的时候，你的邻居将得到你所得到的两倍。”

于是这人盘算着，开始提出自己的愿望，前两个愿望自然都是美女财产之类的，可他的第三个愿望却是："请你把我打个半死吧！"

这一招"苦肉计"可是真够绝的。如果上帝按照许诺把他打个半死的话，那么他的邻居岂不是要被"完全"打死？如果是这样，那么邻居从他身上赚到的"便宜"，可就原原本本地退回去了，而且还要为此搭上生命。虽然他自己为此要被打个半死，但为了不让人白得好处，也是值得的！

由此可见，只有合作才能共赢，别为眼前利益而致两败俱伤。我们总是害怕出事，总是希望得到更多利益。为了获得利益，即使付出再多的代价也在所不惜。可是由此而发生的事情往往令人啼笑皆非，惋惜不已。

竞争固然可以促进社会的发展，但是畸形、过度的竞争却无一例外地导致前功尽弃、两败俱伤。为了获得成功，我们并不一定需要处处比别人都强，我们只要学会如何让别人的长处为自己所用便足够了。竞争虽然可以一时获利，但是合作才能共赢，合作才是长久获得成功的金钥匙。

PART 4 第四章

学点健康心理学，让身心更健康

XUE DIAN
JIAN KANG XIN LI XUE RANG SHEN XIN GENG JIAN KANG

健康的身体是一切工作、事业的重要资本，一旦失去健康，理想和希望都会成为虚幻。怎样才能身体健康？首先必须精神健康，即心性健康。想要得到越多的人，失望也会越多，因为他无法得到满足，随之而来的苦恼，也自然就多了。因而抱怨、愤怒，日积月累将必然生病，身体健康就无法保障，这说明心灵不健康，各种疾病就会有机可乘。所以，在锻炼身体的同时，也需要锻炼心灵，这样才是最有保障的养生之术，全面的健身之道。

心态决定健康

我们每个人都在追求健康，都希望自己能拥有一个强健的体魄。但人们对于健康的认识往往比较模糊，总是简单地认为身体没病就是健康。其实不然，在现代社会，心理疾病越来越多地困扰着人们，这说明心理健康也是健康的一个重要组成部分，人们不仅要关注生理的健康，更应该关注心理健康。

世界卫生组织对健康做了如下定义："健康是指身体上、心理上和社会关系上的完美状态而不仅是没有疾病和虚弱的现象。"这具体可以化为三项标准：一是没有器质性和功能性异常；二是没有主观不适的感觉；三是没有社会公认的不健康行为。由此可见健康是身体健康、心理健康以及社会道德健康的综合体。

我们知道，心理活动的产生是基于生理基础之上的。但反过来，心理上的变化，也能引起生理上的一系列变化，如肌肉、心律、血压、呼吸、新陈代谢等。例如，当一个人心情难过时，肠胃的蠕动频率就会下降，消化液的分泌会减少，从而导致食欲降低，吃得很少；而当人情绪愉快时，胃黏膜分泌量就会增加，胃壁运动也会明显增强，食欲就会比较旺盛。

由此可以看出，人的心理活动对生理反应的影响显著，而心理因素对人身体健康的影响也很大。当然这种影响既包括积极的影响，也包括消极的影响。一般来说，积极、乐观的心理因素能有效地促进人的身心健康，而消极、悲观的心理因素则会损害人的身心健康。因此，心理因素在很大程度上决定着一个人的身心是否健康。

一位哲学家曾经说过："人类的幸福只有在身体健康和精神安宁的基础上，才能建立起来。"我们每个人都在追求幸福，而良好的健康状况和愉快的情绪，才是幸福的真正来源。因此，应该关注我们的身体健康，重视我们的心理健康。

现代社会虽然给人们带来了很多方便和享受，并创造了许多的机遇和成就，但同时也让人们承受着巨大的压力和无尽的烦恼，心理过于疲惫，并受到损伤，也给人们的身体健康造成了诸多不利的影响，致使各种各样的疾病乘虚而入。

因此，健康要从心开始。对于每一个想要拥有健康的人来说，在关注身体健康、注重身体锻炼和保养的同时，更应该注重心理健康的状态，注重心理素质的提高，这才是保持身心健康的根本之道。只有身心都保持良好的状态，我们的生活才会更加幸福和快乐。

尽快摆脱坏心情

每个人都有欢喜的时候，同样也有难过的时候，正所谓：“喜怒哀乐皆人之常情。”但是这些情绪对人的生理健康会产生很大影响。中医有“五志”“七情”之说，“五志”就是喜、怒、忧、思、恐五种情绪的活动表现；“七情”就是喜、怒、忧、思、悲、惊、恐七种情绪的变化状况，这些都属于人们心理状态的反映。一般来说，人的正常情绪变化对人的健康无损。但是如果情绪变化过激或者过度，喜怒无常，长期失调，那就容易导致人体的内分泌失调，引起各种不适，甚至导致疾病。

俄国著名生物学家巴甫洛夫曾经指出：“所有顽固的忧愁和焦虑，就足以给疾病打开方便之门。”因此，良好的情绪是人身心健康的守护神，不要让坏情绪损害了我们的健康。所以，我们一定要学会控制自己的情绪，多微笑，少发怒，凡事往宽处想，不为小事斤斤计较，保持一种豁达乐观的心态，这对我们的身心健康有着莫大的好处。

法拉第是一位著名的科学家，在化学领域卓有建树。然而他进入老年后常常闹头痛，苦不堪言。他曾经四处求医问药，但毫无作用。就在法拉第一筹莫展时，却幸运地遇到了一位医术高明的医生。医生极为详尽地了解了法拉第的病史，发现他一心扑在科学研究上，废寝忘食，毫无空闲，神经极度紧张。这位医生找到病因后，开了一张与众不同的“处方”，上面写着一句英国谚语：“一个丑角进城，胜过一打医生。”

法拉第从中颇受启发，从此改变了自己的生活方式。他变得对喜剧情有独钟，成为剧院里的常客。每次看到丑角的精彩演出，听到幽默风趣的独白，他就会大笑不止，十分开心，全身轻松。就这样，折磨他多年的头痛病渐渐好了。

心理学家研究发现，保持愉悦的情绪是保持健康、益寿延年的“良药”。当人们心情低落时，不妨寻一些乐子，看看搞笑的电视节目，聊一些轻松的话题，当你开怀一笑时，内心的压抑就会得到释放，紧张的心理就会得到放松，这样就有助于你摆脱窘境，减轻忧愁和焦虑，避免过强的精神刺激和心理活动的干扰，从而起到心理保健的作用。

在我们的生命体验中，往往会被某些莫名其妙的情绪困扰，难免会有伤心难过或者愤怒的时候，但是我们的情绪毕竟是由自己来控制的，为了使自己的身心更加健康，一定要努力做自己情绪的主人。只有驾驭了情绪，我们才能更好地拥有健康。

那么，应该怎样来驾驭我们的情绪，怎样才能避免不良的情绪损坏我们的健康呢?

首先，要明确导致情绪变化的原因。是什么事情让你这么生气，又是什么事情让你这么高兴，这些都是特定的情绪刺激，一个人不可能莫名其妙地高兴或者难过。

其次，要保持自身情绪的稳定性。这就是说情绪的反应要适时、适度，情绪的反应与刺激的强弱应该是成正比的。不能因为小事而怒不可遏，也不能陷入悲伤而无法自拔。

最后，要善于调控自己的情绪。能够通过一些方法和刺激使自己及时地从不良的情绪中摆脱出来，把消极的情绪转化为积极的情绪，从而使内心恢复稳定的状态。

真正的健康除了拥有健康的身体以外，还包括拥有健康的心理。心理健康是身体健康的基础，只有拥有了愉悦的心情、乐观的心态和坚强的意志，才能保持良好的身心状态，使自己更加健康。

学会排解自己的压力

在现实生活中，每一个人都在承受着来自各个方面的压力，如就业压力、工作压力、经济压力、学习与考试压力、社交压力、婚恋压力等。可以说压力无处不在、无处不有，这是我们必须面对的现实。

在生活中，我们经常会听到一些人在巨大的压力之下发出无奈的感叹：“我太累了，每天起早贪黑地工作，拼命地挣钱，可是妻子却总是不理解我，还总是和我吵架，让我心情郁闷！”“公司越开越大，可以说我的事业很成功了，可是我却没有一点快乐可言。每天都有忙不完的事，想休息一下都不行。”“又要考试了，好紧张，晚上都睡不好觉，生怕考不好，让爸妈和老师失望。”

压力就像一只巨大的章鱼，已经把触角伸向了生活的各个方面，人们面对的压力也越来越多，压力如影随形地跟着人们，使其不得安宁，精疲力竭。

其实，每个人都有压力，想要彻底消除压力是很难做到的。因为人不可能不去学习和工作，也不可能不去结婚、生子、照料老人，所以人们需要做的就是及时地排解自身的压力，不要让压力不断地在心头积蓄，否则就将无法承受，最终被巨大的压力压垮。这就好比一头骆驼可以驮得动一千斤的稻草，如果往上再加，哪怕只是一根，都可能把骆驼压垮。难道能够把责任归咎于这最后一根稻草吗？重量是一点一点积累的，生活中的压力也是一点一点积累的，我们要善于释放压力，减轻压在心头的重量。如果不懂得排解，只一味地给自己增加负担，即使一个人的承受力再大，最终也是会被压倒的。

王海是学电脑专业的，毕业后在一家网络公司做设计员，工资很高，是很多人羡慕的IT精英。王海工作很努力，因为几个出色的设计而受到老板的赞赏。最近，老板又把一项很重要的设计任务交给了他。为了把事情做好，他可谓绞尽脑汁。有时候甚至熬夜进行设计。由于劳累过度和巨大的思想压力，有一段时间，王海觉得自己思维像短路一样，没有一点灵感，程序设计也搞得一塌糊涂。越是这样，他越是着急，再加上他又是一个不善于表达的人，把焦虑和烦恼都闷在心里，不懂排解。长期的压抑，使他经常感觉头痛、疲惫和肠胃不适，整个人变得疲惫不堪，没有一点精神。最终王海的设计也没有做好。

实际上生活中有很多的排解压力的方法，只要善于应用，很多压力都可以“大事化小，小事化了”。

要正确看待自己。每个人都有优点，也都有缺点，不要因为一件事没有做好就过分自责，要相信“天生我材必有用”，真心接受自己，保持积极乐观的情绪状态，减少压抑情绪的发生。

要善于倾诉自己的苦闷。人生在世，谁都会碰到不如意的事情，产生苦闷和烦恼是在所难免的。这时，我们就需要及时地向别人倾诉，说出了心里话就会好受多了。

内心有苦闷就要及时向自己的亲人和朋友倾诉。如果总是自己憋着，任其郁积于心头，时间一长就会演变成为沉重的精神负担，危害身心健康。

该哭泣时就哭泣。哭泣是一种很好的宣泄方法，它能释放我们体内积聚的能量，调整机体，使之恢复平衡。你内心感到委屈时，就不要压抑自己，哭出来会好受一些。女人可以哭，男人也可以。当你痛哭一场之后，伤感、委屈、痛苦的情绪也会随着泪水的流出而从心中流走。

心理专家认为："癌症是没有哭出的泪水。"哭出来，不仅会内心舒畅，还能抑制疾病的发生。但是感情的疏解一定要适度，哭得太多太久也会伤身。

英国一位心理学家认为，积贮在心中的烦闷、忧郁就像一种势能，若不及时加以释放，就会像定时炸弹一样，一旦触发即可酿成大难。如果能及时进行倾诉或发泄，便可减少疾病的危害，从而保持身心健康。

养成健康平衡的心理

心理失衡的现象在生活中时有发生。大凡遇到成绩不如意、高考落榜、与家人争吵、被人误解、讥讽等情况时，各种消极情绪就会在内心积累，从而使心理失去平衡。消极情绪占据内心的一部分，由于惯性的作用使这部分越来越沉重、越来越狭窄；而未被占据的那部分却越来越空、越来越轻。因而，内心明显分裂成两个部分，沉者压抑，轻者浮躁，使人出现暴戾、轻率、偏颇和愚蠢等难以自制的行为。

这时需要的是心理补偿。纵观古今中外的强者，其成功之秘诀就包括善于调节心理的失衡状态。通过心理补偿可以恢复心理平衡，甚至增加建设性的心理能量。

那么，人怎样才能养成保持心理平衡的习惯，使自己处于健康而良好的状态呢？

1.对自己不苛求

每个人都有自己的抱负，而有些人把自己的目标定得太高，根本实现不了，于是终日抑郁不欢，这实际上是在自寻烦恼；有些人对自己所做的事情追求十全十美，有时近乎苛刻，往往因为小小的瑕疵而自责，结果受害者还是自己。

2.暂时逃避

在现实中，受到挫折时，应该暂将烦恼放下，去做你喜欢的事，如运动、打球、读书、欣赏等，待心境平和后，再重新面对自己的难题，思考解决的办法。

3.不要处处与人争斗

有些人心理不平衡，完全是因为他们处处与人争斗，使得自己经常处于紧张状态。其实，人与人之间应和谐相处，只要你不敌视别人，别人也不会与你为敌。

4.对人表示善意

在生活中被人排斥常常是因为别人对你怀有戒心。如果在适当的时候表示自己的善意，诚挚地谈谈友情，伸出友谊之手，自然就会朋友多，隔阂少，心境变得平静。

5.适当让步

处理工作和生活中的一些问题，只要大前提不受影响，在非原则问题方面无须过分坚持，以减少自己的烦恼。

6.找人倾诉烦恼

生活中烦恼是常事，把所有的烦恼都闷在心里，只会令人抑郁苦闷，有害身心健康。如果把内心的烦恼向知己好友倾诉，心情就会变得舒畅。

7.知足常乐

不论是荣与辱、升与降、得与失，往往不以个人意志为转移，只有宠辱不惊，淡泊名利，做到心理平衡是极大的快乐。

实践证明，心理平衡的作用，超过一切健康保证的总和。所以，心理平衡，对于每个人的健康和生命意义，实在太重要；对于维护每个家庭幸福、社会和谐与稳定，也实在太重要！

请记住法国作家雨果的话："笑就是阳光，它能驱逐人们脸上的冬日。"

学会积极的心理暗示

皮格马利翁效应，亦称“罗森塔尔效应”或“期待效应”，指人的情感和观念会不同程度地受到别人下意识的影响，人们会不自觉地接受自己喜欢、钦佩、信任和崇拜的人的影响和暗示，而这种暗示可能正是让你梦想成真的基石之一。

1963年，罗森塔尔做过这样一个实验，他告诉学生们，用来进行实验的老鼠来自不同的种系：聪明鼠和笨拙鼠。实际上，这些老鼠来自同一种群。但是，实验结果却得出了聪明鼠比笨拙鼠犯的错误更少的结论，而且这种差异具有统计显著性。学生们做实验时非常认真，并没发现欺骗或做了其他使结果歪曲的事情。然而，拿到聪明鼠的学生比那些不幸拿到笨拙鼠的学生更能鼓励老鼠去通过迷津。可以肯定的是，影响了实验结果是实验者对待两组老鼠的方式不同。

几年以后，两位美国心理学家也做过一个类似的实验：他们在一所小学的一至六年级中各选三个班，在学生中进行了一次“发展测验”。然后，他们以赞美的口吻将有优异发展可能的学生名单通知有关老师。半年以后，他们又来到这所学校进行复试，结果名单上的学生成绩有了显著进步，性格更为开朗，求知欲望更强，敢于发表意见，与老师的关系也特别融洽。

实际上，他们提供的名单纯粹是随便抽取的，这只是心理学家进行的一次期望心理实验。他们通过“权威性的谎言”暗示老师，坚定老师对名单上学生的信心。虽然老师并没有把这些名单公布于众，但掩饰不住的热情仍然会通过眼神、笑容、音调滋润着这些名单上的学生的心田。学生潜移默化地受到影响，因此变得更加自信，奋发向上的激情一直感染着他们，于是他们不知不觉地更加努力学习，成绩就有了明显提高。

“皮格玛利翁效应”表明：赞美、信任和期待具有一种力量，它能改变人的行为。当一个人获得另一个人的信任、赞美时，他便感觉获得了社会支持，从而增强了自我价值，变得自信、自尊，获得一种积极向上的动力，并尽力达到对方的期待，以免让对方失望，从而维持了这种社会支持的连续性。

积极的期望促使人向好的方向发展，消极的期望则使人向坏的方向发展。管仲在做齐国的宰相以前，曾经负责押送过犯人。与别的押解官不同，管仲并没有亲自押送犯人，而是让他们按自己的喜好安排行程，只要在预定时间内到达就可以了。犯人们感到这是管仲对他们的信任与尊重，因此没有一个人中途逃跑，全部如期赶到了预定地点。

心理暗示无论对身体健康还是心理健康，都有着重要的意义。很多人的阴暗心理状态就是由一些小事甚至别人的一句话导致的，所以，要尽可能多地对自己进行正面的心理暗示，这既可以加速身体疾病的康复，也可以驱散心中的阴霾。